U0218963

切花保鲜技术全图解

[日]谷川文江 著
张文慧 译

机械工业出版社
CHINA MACHINE PRESS

前言

现在想学插花的人变得越来越多，但是常常畏难而退。而随着现代社会的不断发展，日本家庭成员数量逐渐减少，人们很难在身边找到可以请教花卉的寿命、切花花材的修剪长度等生活知识的人和场所。

但是，我想告诉各位，只要了解了其中的诀窍，就会发现插花其实很简单。本书是我个人通过长期实践，对切花养护、装饰和使用方法的整理。书中介绍了没有花瓶也可以用家里的杯（瓶）插花的装饰方法、冻龄的花卉和绿植、延长插花作品存活时间的养护要点等。

植物在活着的时候会生根，会开出小花蕾，它们的生命出乎意料地顽强。而插花的魅力在于能让人感受到植物所具有的鲜活能量。花能愈人，正是因为人在不知不觉中得到了这种能量。

简单的养护即可拥有与花相伴的日子。希望本书能为想要了解切花养护知识的爱花读者们提供一些参考，如能所愿，我将不胜荣幸。

谷川文江

FORTNUM & MASON
Famous Teas
WEDDING BREAKFAST
NET WT 250g 8.8oz
FORTNUM & MASON
Famous Teas
ROYAL BLEND
NET WT 125g 4.4oz

目录

第 1 章 快乐学习养花技巧 与花卉友好相伴

第 2 章 简单易操作 让花卉冻龄的装饰和养护方法

第 3 章 告别插花盲点 与花卉长期相伴

第 4 章 打造平衡的美感 新手也能制作的英式插花

* 书中花材信息均为 2020 年 3 月的最新数据，有些花材可能存在此后停止上市的情况。

* 书中所述的植物在“花期（叶期、结果期）”等的“上市时期”仅为参考标准，受不同地区、气候、温度等条件的影响，可能会有所不同。

了解切花的冻龄方法和
与花相伴的乐趣

谷川老师

在“与花卉友好相伴”的第 1 章中

将介绍让花卉冻龄的 3 个要点和花卉的基础知识

* 花卉的购买和挑选方法
* 冻龄花卉和绿植的种类与特征
* 花卉的基本处理方法
* 所需道具
* 延长花卉存活时间的位置摆放

在“让花卉冻龄的装饰和养护方法”的第 2 章中

将会介绍让花卉冻龄的插花顺序和方法

* 从购花到插花的整个流程和处理方式
* 打造协调美的基础插花方法
* 每天的插花养护方法
* 延长花束或插花观赏时间的诀窍

在“与花卉长期相伴”的第 3 章中

将介绍利用冻龄花卉打造冻龄插花的方法和养护诀窍

* 延长插花观赏时间的装饰方法
* 养护方法
* 不同房间的冻龄花卉装饰方法
* 利用庭院的花朵制作插花的方法

在“新手也能制作的英式插花”的
第 4 章中

将介绍英式插花的基础和新手也能简单制作的插花方法

* 第 1 次制作英式插花的方法
* 让花卉冻龄的 5 个养护要点
* 打造如庭花般自然的英式插花法

第 1 章

快乐学习养花技巧
与花卉友好相伴

花卉，无论是购买、修剪还是用于装饰，每一个流程都有其诀窍。作为一名花艺师，
我将在本书中给大家分享一些在日常实践中积累的简单养花诀窍，
希望能帮助各位踏出花伴生活的第 1 步。

让花卉冻龄的 3 个要点

难得在花店买花，谁都想让花开得久一点。而那些带回家后很快就枯萎的花，基本上都是没有做好养护工作导致的。但只要掌握下面介绍的 3 个要点，就能让自家的花开上 2 周甚至更长的时间。

1. 鲜度

买花的时候
要精心挑选
新鲜的花卉

2. 放置位置

插花所处的
空间温度和环境会
影响花的状态

3. 修剪方法

买花之后，我们需要
根据花卉的品种
进行不同的修剪处理

* 除了以上 3 点，想让花卉冻龄，还需要给花提供充足的养分。为此可以购买和使用市面上销售的插花营养剂。

可以将插花作品
放在窗边装饰吗？
➡ 答案在 P14

插花跟盆栽植物
一样喜欢阳光吗？

怎样挑选
鲜花呢？
➡ 答案在 P13

怎样才能辨别
新鲜的花卉呢？

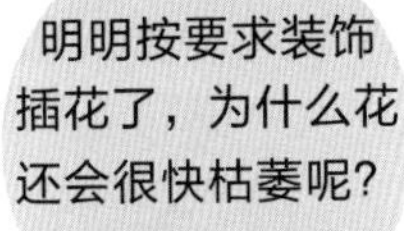

➡ 答案在 P16

刚买回来的花
可以直接装饰吗？

了解区分切花的技巧

好不容易鼓足勇气踏进花店后，可以看到里面各色花卉鳞次栉比，让人目不暇接。那么我们该如何从中挑选出新鲜的花卉呢？

谷川老师

买菜的时候，我们都会看蔬菜是否新鲜、饱满，是否看起来美味可口。同样，买花的时候也要像挑选蔬菜一样，需学会去辨别花叶是否生机勃勃。

试着跟挑选蔬菜一样挑选花卉吧！

Q. 左图为 2 枝并排放着的六出花。请问哪一枝比较新鲜？

A. 看叶子的状态。

右边的比较新鲜。因为右边的叶子漂亮、饱满，左边的叶子较瘦瘪，叶端打蔫。所以我们可以通过叶子的状态判断六出花的新鲜度。

还有一个小诀窍可以帮助辨别六出花是否新鲜！

六出花开花后，花粉会散落到花瓣上。同理可以看出，图中的花朵已经没有那么新鲜了。百合也有同样的特征。

去除百合花粉的方法

因为花粉沾到衣服上会很难洗掉，所以在花蕾刚开始绽放、花粉还没散出来时，需提前去除花蕊。

Q. 花可以像挑选蔬菜一样进行触碰吗？

A. 不能摸花瓣，但是可以拿花茎。

因为花瓣特别娇弱，用手指稍微用力地抓捏一下，第 2 天所捏之处就会泛黄。因此，在挑选花卉的时候最好别摸花瓣，拿花茎部位就好了。在挑花的过程中，如果不知道该怎么选择，可以请教店员哪朵花比较好。但是一般来说，已经开花的花朵跟被手触摸过花瓣的花一样，都不能活太久，所以建议各位挑选还处于花蕾状态的花卉。

哪朵花比较新鲜呢?

同样是粉色的玫瑰，请问哪朵比较新鲜呢?

答案和解析：右边的玫瑰比较新鲜。一般这种仍在花蕾期，呈半开状的玫瑰可以存活较久。左边的玫瑰已经是完全开花的状态了（P11 问题的解答）。

花茎的先端呈棕色的非洲菊是否新鲜呢?

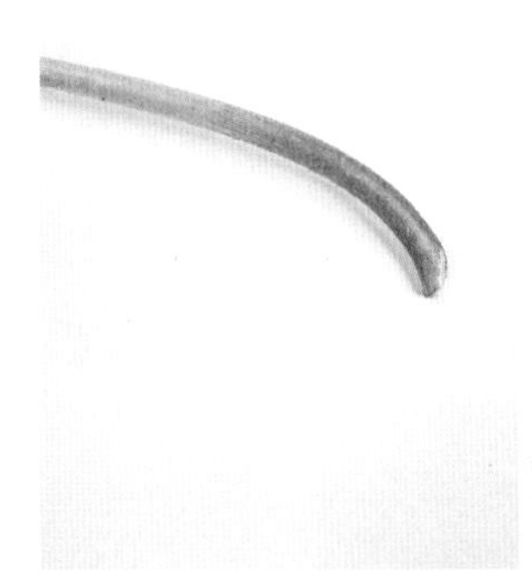

答案和解析：非洲菊的花茎较长，茎先端呈棕色的反而比较新鲜。花茎短的非洲菊一般都是经过多次人为修剪，已经开了一段时间的。

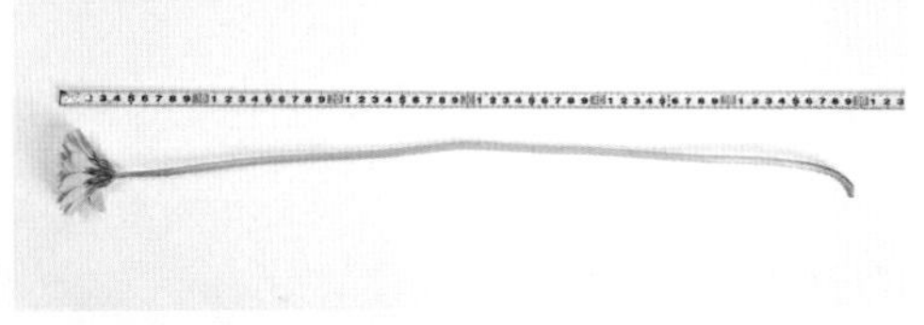

刚买的新鲜非洲菊，花茎有 60cm 长。

哪一枝蓝星花比较新鲜?

答案和解析：左边的比较新鲜。因为蓝星花越是新鲜越蓝，且会随着时间的推移慢慢变成粉色。

放置在哪些地方能让花卉冻龄

插花也和人一样，累了会变得虚弱，过早枯萎。
反之，在压力少且舒适的环境下，花就能开得久一些。
所以下面就让我们来看看花卉喜欢怎样的环境吧。

×　插花不宜摆放在阳光直射的窗边！

Q. 插花和盆栽植物一样喜欢阳光吗？

A. 插花不喜欢阳光直射的地方。

用作插花的花卉虽然也能进行光合作用，但阳光直射的地方常常是高温环境，对花卉的存活弊大于利。这是因为植物为了散热会进行蒸腾作用（植物体内的水分变成水蒸气向外发散的现象），使花朵因吸水而耗尽力气，导致很快枯萎。因此，插花宜摆放在避免阳光直射的地方，以便能存活更久（P11 问题的解答）。

Q. 有适宜插花存活的室内温度吗？

A. 具体情况因花而异，一般插花喜欢凉爽的地方。

很多插花装饰在凉爽的地方可以存活很久。不耐热的玫瑰在 5~10℃的环境下可以存活 1 个月左右。此外，插花还需时不时地进行修剪和换水。不过在温度低于 0℃的情况下，水会结冰，这点要多加注意。原产于非洲的非洲菊和原产于东南亚的兰花类插花，不能装饰在温度低于 5℃的地方。

插花要避开迎风处。

Q. 插花有什么防暑对策？

A. 利用好空调。

插花最怕热的地方。在持续的酷暑环境下，建议将插花装饰在开有空调的凉爽室内，这样能让插花存活的时间更久一些。但是摆放的位置要避开迎风处。因为空调的风会使花瓣受损，叶子也会因蒸腾作用而受伤。

Q. 装饰在室内的哪个地方比较好呢？

A. 建议装饰在厨房。

想要让插花存活得久一些，就要记得每天给插花换水。因此，将插花放在靠近水源的厨房或洗手间等位置，就能方便换水。不过，插花要避开燃气灶等有火源的地方，以避免火灾。还要避开音响和电脑设备等周边位置。因为这些设备散热时容易让花卉受损，花瓶倒下也有造成短路的风险。另外，安全起见，建议不要将插花摆放在卧室的床铺附近。

如果将插花装饰在厨房，每次做饭的时候都能观赏到美丽的花卉，心情也会变好。

买花之后该怎么办

你是否有过刚买回来的花很快就打蔫的经历呢？
其实把花带回家后，只需花点小心思，就能让花补充好水分，又变回健康的状态。
那么下面就让我们来学习让花卉冻龄的基础养护技巧吧。

花之所以会枯萎，是因为我们将其带回家的途中脱水了。所以带回家后，要给花卉做好基础养护，补充水分。

必备知识！

插花的基本处理方法

回家后，插花的基本处理方法有 3 个步骤。要先在水中修剪花茎，之后将花浸泡在深水里 1h 左右，以便让水分能充分运输到整枝花上，让花朵恢复活力。

步骤 1 摘掉多余的叶子

留下 2~3 片叶子，其余叶子都摘掉。绿植只需摘掉低于水位的叶子即可。

步骤 2 水剪法

在水中斜着剪掉花茎的先端，扩大花茎的切口面积，以便花卉吸收水分。

步骤 3 将插花装饰在花瓶里

在花瓶底部倒入约 5cm 深的水，并将花卉插进花瓶。水不可放太多，否则花茎容易腐烂。

为什么要摘掉叶子？

因为叶子需要呼吸和散发水分（蒸腾作用）。在蒸腾作用下，花为了补充失去的水分，就需要吸收更多的水，这就需要消耗更多的能量。为了不让花消耗过多的能量，就要把多余的叶子摘掉，以便让插花能存活得更久。叶数越多，花就更容易枯萎。所以要想让插花冻龄，建议减少叶子的数量。用手或剪刀去掉多余的叶子，只保留 2~3 片即可。

在深口花瓶内多倒些水，让花在里面浸泡 1~2h，利用渗透压的原理，水会进入花的体内。如玫瑰等花卉打蔫的时候，可以先按水剪法修剪花茎，然后在深水中浸泡一段时间，这样花就能很快恢复生机。

为什么图中花瓶内水量较少的花卉反而活得更久？

图中的 2 枝六出花分别放置在装有很多水的花瓶内和仅装有约 5cm 深的水的花瓶内。第 14 天时，花瓶内水多的那枝花（右边的那枝）凋谢了。这是因为花茎几乎全浸泡在水里，导致花茎腐烂，花朵因吸收不了水分而枯萎。因此，让花茎的切口浸泡在仅约 5cm 深的水里吸收水分，就能使插花存活得比较久（左边的那枝）（P11 问题的解答）。

不同花卉的花茎修剪方法

基本上采用水剪法修剪花茎即可，但是种类不同的花也有其他更加有效的修剪方法，使花朵更富有生机。下面就来给大家介绍不同花卉的修剪方法。

水剪法

适用于所有植物

在装满水的容器内，建议用一把易于修剪的剪刀斜着修剪花茎，使茎先端的切口面积变大，以便植株吸收水分。每当花卉打蔫的时候，就可以进行修剪，且能多次修剪。经修剪后的花卉在吸收水分后可恢复生机。

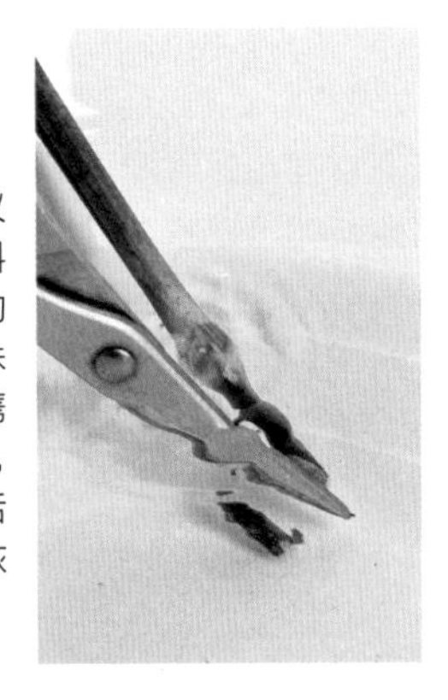

用手折断

菊花、短舌匹菊等所有菊科植物

双手拿着花茎，把茎一下子折断，然后将断口浸泡入水，并去掉多余的叶子。如时间充裕，可以将花浸泡入深水里约 10min，使花充分吸收水分。

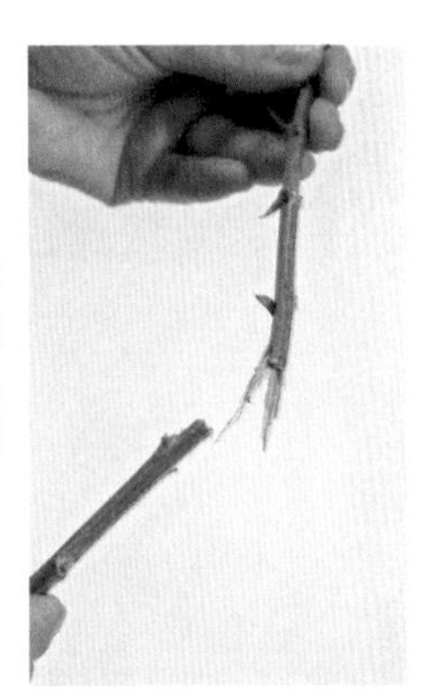

把茎里的棉状物挖出来

绣球花类植物

把茎先端斜着剪出角度，用剪刀的刀尖把里面的棉状物挖干净。

每逢花要打蔫的时候，均可进行同样的修剪，即可让植株补充好水分、恢复生机。

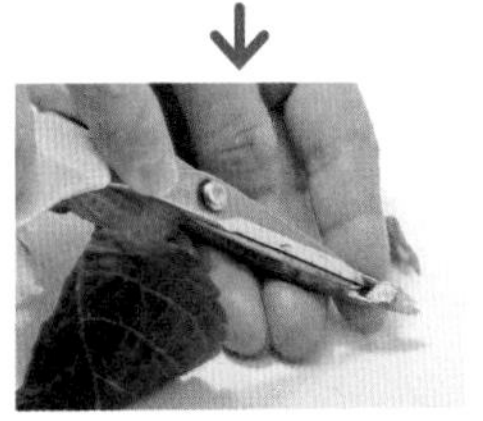

削去表皮

铁线莲及所有带枝条的植物（如蓝莓等）

跟削铅笔一样，轻轻用剪刀削去茎和枝的表皮，深度建议约为 1cm。图中植物为铁线莲。

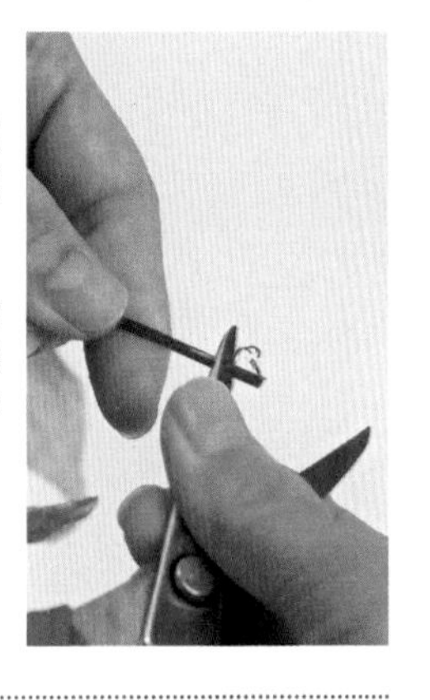

剪开花茎

所有带枝条的植物（对铁线莲也有效）

在茎的纵向卡入剪刀，一般情况下剪 1cm 深的切口即可。如果植物的茎、枝较粗，可以剪一个十字切口。图中植物为蓝桉。

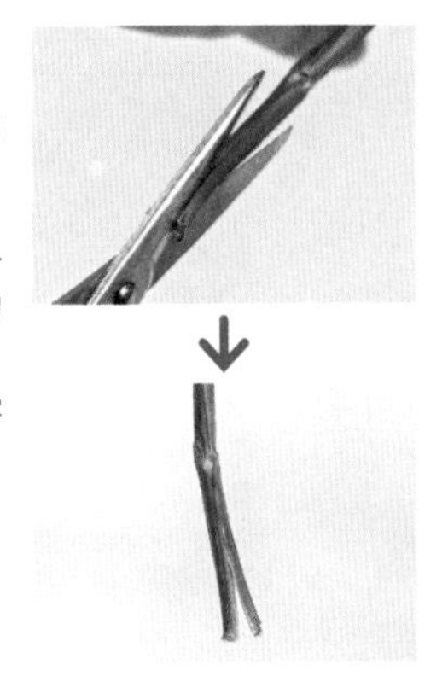

冲洗白色液体

白星花和蓝星花

这类植物的切口处会流出乳液一样的白色液体。在装满水的碗中修剪花茎时，用手指轻轻地冲洗茎先端，直到白液不再流出为止。如果直接装饰插花，白色的液体会凝固在茎的切口处，妨碍植株吸水，导致花朵枯萎。

冻龄花卉与绿植

就像不同的花有不同的开花方式一样，花期也因花而异。
要想延长赏花的时间，就要①让花长期绽放；②挑选新鲜的花卉。
做好养护，就能让插花存活约 2 周时间。下面就给各位介绍一些能存活较久的花卉和绿植，以及一些注意事项。

要想延长观赏插花的时间，第 1 点就是要选购能存活较久且新鲜的花卉。另外，花卉和绿植在养护上只要给予少量的水分即可！

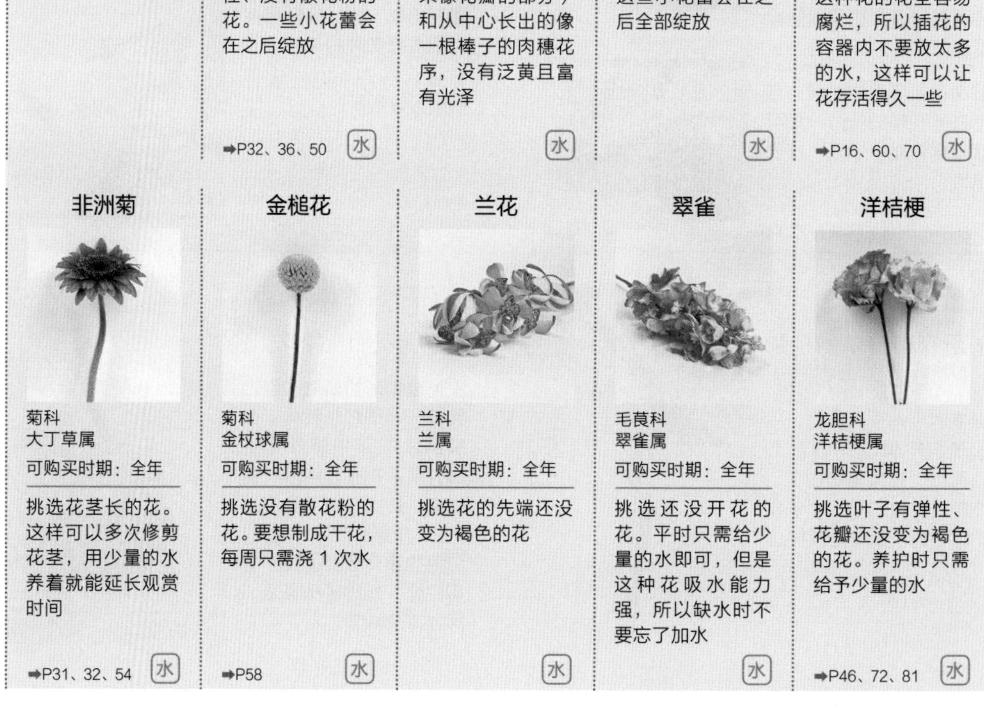

全年上市的花卉

六出花

六出花科
六出花属
可购买时期：全年

建议挑选叶子有弹性、没有散花粉的花。一些小花蕾会在之后绽放

➡P32、36、50 水

花烛

天南星科
花烛属
可购买时期：全年

挑选佛焰苞（看起来像花瓣的部分）和从中心长出的像一根棒子的肉穗花序，没有泛黄且富有光泽

水

虎眼万年青

百合科
虎眼万年青属
可购买时期：全年

挑选花蕾多的花。这些小花蕾会在之后全部绽放

水

康乃馨

石竹科
石竹属
可购买时期：全年

挑选还未全开的花。这种花的花茎容易腐烂，所以插花的容器内不要放太多的水，这样可以让花存活得久一些

➡P16、60、70 水

非洲菊

菊科
大丁草属
可购买时期：全年

挑选花茎长的花。这样可以多次修剪花茎，用少量的水养着就能延长观赏时间

➡P31、32、54 水

金槌花

菊科
金杖球属
可购买时期：全年

挑选没有散花粉的花。要想制成干花，每周只需浇 1 次水

➡P58 水

兰花

兰科
兰属
可购买时期：全年

挑选花的先端还没变为褐色的花

水

翠雀

毛茛科
翠雀属
可购买时期：全年

挑选还没开花的花。平时只需给少量的水即可，但是这种花吸水能力强，所以缺水时不要忘了加水

水

洋桔梗

龙胆科
洋桔梗属
可购买时期：全年

挑选叶子有弹性、花瓣还没变为褐色的花。养护时只需给予少量的水

➡P46、72、81 水

饰球花

绒球花科
饰球花属

可购买时期：全年

挑选叶子先端没有变为褐色的花。适合制成干花

水

玫瑰

蔷薇科
蔷薇属

可购买时期：全年

挑选不太硬的花蕾，盛开的花容易凋谢。如果不会辨别可以询问店员

➡P38、78 水（深）

白星花

萝藦科
尖瓣滕属

可购买时期：全年

挑选叶子有弹性、花朵没有打蔫的花。蓝星花也一样

➡P52、62 洗 水

菊花

菊科
菊属

可购买时期：全年

挑选叶子没有泛黄的花。这种花卉的吸水能力强，所以不要忘了时不时地浇水

➡P88 水 手

百合（东方百合）

百合科
百合属

可购买时期：全年

挑选开有1~2朵花的花枝。花蕾也会开花

➡P12、35 水

冬天到春天上市的花卉

圣诞玫瑰

毛茛科
铁筷子属

可购买时期：11月~第2年5月

挑选花朵和叶子没有变成褐色的花。只要保持好花卉的吸水性，就能存活许久

➡P94 水

香豌豆

豆科
山黧豆属

可购买时期：12月~第2年4月

香味重且花序长的往往品质较好，能存活较久

➡P25、43、78 水

紫罗兰

十字花科
紫罗兰属

可购买时期：10月~第2年4月

挑选叶子有弹性、花朵没有损伤的花。这种花卉较能吸水

水

郁金香

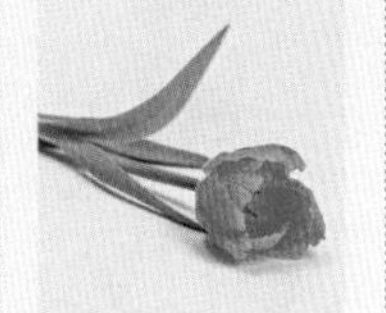

百合科
郁金香属

可购买时期：12月~第2年3月

气温高的环境下，即使做插花也能长个。若是长得太长了，可以进行修剪。建议放置在凉爽的地方

➡P78 水

巧克力秋英

菊科
秋英属

可购买时期：11月~第2年4月

挑选花瓣先端没有收缩的花卉。只需提供少量的水即可延长存活时间

➡P42 水

三色堇

堇菜科
堇菜属

可购买时期：1~3月

挑选花和整枝状态良好的花。小花蕾也能开放。养护时需要少量的水，且不能缺水

水

短舌匹菊

菊科
匹菊属

可购买时期：1~8月

挑选叶子没有泛黄的花卉。吸水能力变差了就要用水剪法修剪，使花卉恢复生机

➡P36、56 水 手

花毛茛

毛茛科
毛茛属

可购买时期：12月~第2年4月

挑选花朵较小的花卉。因为花茎柔软，如果花朵太大，花柄容易折断

➡P45、78、94 水

标记的意思

- 水 = 水剪法
- 手 = 用手折断
- 挖 = 将茎中的棉状物挖干净
- 削 = 削去表皮
- 割 = 剪开花茎
- 洗 = 冲洗白色液体
- 深 = 深水

养护方法参考P16~17。（ ）内的为插花植物打蔫时的拯救方法。

初夏上市的花卉

绣球花

绣球科绣球属

可购买时期：日本产5~7月，进口花卉全年可购

通过修剪可延长花卉的存活时间（参考P17）。如花卉打蔫可重新修剪花茎，让花朵多次恢复生机

➡P46、79 水 挖

风铃草

桔梗科
风铃草属

可购买时期：2~6月

要挑选花量多、没有枯萎的花。将低于水位的花朵、叶子剪掉。可通过修剪花茎延长花卉的存活时间

➡P80 水

铁线莲

毛茛科铁线莲属

可购买时期：日本产2~8月，进口花卉全年可购

挑选叶子先端没有变为褐色的花，保持好的吸水性，就能延长存活时间。要按方法修剪花茎（参考P17）

➡P86 水 削 割

景天

景天科
景天属

可购买时期：4~9月

挑选花先端没有变为褐色的花（除一些本身为棕色花蕾的品种）。小而绿的部分为花蕾，开出粉色的花朵

水

矢车菊

桔梗科
矢车菊属

可购买时期：2~6月

挑选叶子没有卷缩的花。虽然矢车菊开花后会很快凋谢，但是花蕾会一个接一个地绽放。较能吸水

➡P62 水

绿植

常春藤

五加科
常春藤属

可购买时期：全年

插花后，会长出许多根。水培在屋内能用于观赏。盆栽要在室外培育

➡P48、60 水

大王桂

百合科
大王桂属

可购买时期：全年

挑选叶子没有泛黄的绿植。就算剪开枝条只留叶子，也能存活2周以上

➡P37、64、88 水

凤尾柏（孔雀柏）

柏科
扁柏属

可购买时期：全年

插花中加入凤尾柏，会有种圣诞节的氛围感。若是插花里的其他花朵打蔫了，换其他花搭配也能延长观赏的时间

水 割

树莓

蔷薇科
悬钩子属

可购买时期：4~10月

挑选叶子先端没有变圆、变为褐色的绿植。插花前修剪花茎可以延长其存活的时间

➡P54 水 割

小柏叶

柏科
扁柏属

可购买时期：全年

挑选叶子先端没有变成褐色的绿植。适合制作成以新年等节日为主题的插花作品

水 割

天竺葵

牻牛儿苗科
天竺葵属

可购买时期：3~9月

挑选香气重、叶子没有泛黄的绿植。插花前要剪开粗茎。可以插芽

➡P48、72 水 割

素方花

木犀科
素馨属

可购买时期：4~10月

挑选叶子先端没有变为黄色、褐色的绿植。茎太粗时要剪开

水 割

龙血树

龙舌兰科
龙血树属

可购买时期：全年

要挑选叶子先端没有变为黄色、褐色的绿植。作为插花时还会长出根部。可以水培

➡P58 水

日本花柏

柏科扁柏属

可购买时期：
10月末~12月

挑选叶子没有变干、也没变为褐色的绿植。就算枝叶变干也能经久不褪色，所以非常适合制成干花

水 割

蓝冰柏

柏科
柏木属

可购买时期：全年

挑选未变色、未变干的叶子。这种绿植带有强烈的香气

水 割

蓝莓

杜鹃花科
越橘属

可购买时期：5~7月

挑选叶子没有变为褐色的绿植。枝条要剪开后使用

水 削 割

圆叶假叶树

天门冬科
假叶树属

可购买时期：全年

挑选叶子先端没有变为褐色的绿植。这种植物强健，可存活约1个月

➡P64、88

水

薄荷

唇形花科
薄荷属

可购买时期：3~9月

挑选叶子先端没有变为褐色的绿植。就算枯萎了也可以通过水剪法修剪茎，使植株恢复生机。能生根

➡P70

水

蓝桉

桃金娘科
桉属

可购买时期：全年

挑选未变色、未变干的绿植。需要剪开茎。易于制成干花

水 割

百部

百部科
百部属

可购买时期：3~11月

挑选藤蔓的先端和叶子先端没有变成褐色的绿植。看似纤细却能存活很长时间

➡P52、68、94

水

革叶蕨

鳞毛蕨科
革叶蕨属

可购买时期：全年

挑选没有缩叶，或叶子先端没有变为褐色的绿植。在花店可以买到

水

迷迭香

唇形科
迷迭香属

可购买时期：全年

挑选叶子先端没有变为褐色的绿植，香气强。容易生根，易于种植

➡P48

水

果实

金丝桃

藤黄科
金丝桃属

可购买时期：全年

挑选果实和叶子没有变为褐色的植株。要剪开粗茎

➡P37、66

水 割

美洲商陆

商陆科
商陆属

可购买时期：7~10月

挑选果实还未成熟的植株。要剪开粗茎

➡P68

水 割

标记的意思

- 水 = 水剪法
- 手 = 用手折断
- 挖 = 将茎中的棉状物挖干净
- 削 = 削去表皮
- 割 = 剪开花茎
- 洗 = 冲洗白色液体
- 深 = 深水

养护方法参考P16~17。（ ）内的为插花植物打蔫时的拯救方法。

如何跟花店打交道

花店前经常陈列着许多美丽的花卉，让人忍不住驻足观望。但是没怎么进过花店的人，又会犹豫不决，无法鼓足勇气踏出迈进花店的一步，又或是在担心，不知道在店里可否只买 1 枝花。下面，就给初次进花店的新手们介绍和花店人员打交道的方法。

Q. 我该怎样搭话呢？

A. 说：“我很喜欢花。”就可以了！

如果花店老板看到爱花人士进自己的店会感到很开心。所以，进花店后说：“我很喜欢花。”就可以了。为了再自然点，开头可以先说明：“我第 1 次来花店。”也可以问：“我很喜欢花。今天有什么推荐的吗？”“我很喜欢某某（花名），今天有这种花吗？”又或是“我很喜欢花，想要买那种可以长期观赏的花。”只要像这样表达自己的需要就可以了。花店的花都可以单卖，作为新手，可以先试着买 1 枝带回家。在离店的时候，记得说：“我会再来的。”这样店员便会对你印象深刻一些。等下次再来花店的时候，可以把自己上次买花的感想跟店员分享。

当然可以！很高兴
你能喜欢它。♪

我很喜欢花。
我可以只买 1 枝吗？

若是觉得花店店员没有理解自己的需求，也可以换别的花店。跟店员说："我先考虑考虑，之后再来。"然后就可以离开花店了。

Q. 怎样才知道花店好不好？

A. 先买 1 枝花试试看。

请先买 1 枝花装饰家里的。买花时可以询问店员："想要买 1 枝花装饰客厅。"或是"想买 1 枝郁金香"等，如果在表达需求的时候，双方交流顺畅，说明这家花店跟你投缘。还有很重要的一点是，当你询问"要浇多少水？"等问题的时候，如果对方很亲切地回答了你的问题，那么也可以为这家花店加分。

Q. 进花店后，该从哪里看起呢？

A. 店里排列的花大多是特价销售中的商品。

来到花店后，可以先看看摆在店门口的花。很多花店都会把特价花卉摆放在这里。这么做有两个合理的原因，①外面摆放的花自采购后已经过了数天；②店里购进了大批便宜、应季、新鲜的花。这么说来，原因②跟原因①的情况就完全相反了。因此，当无法辨别花的鲜度时，可以直接询问店员："为什么这花那么便宜呢？"店员就会进行说明。不过，也不是过了几天的花就不是好花，因为店里的花基本上不会太老，如果家里有客人，想要应急将室内装饰得华丽漂亮，就可以买这些正值花期的花。买花时根据使用情况进行挑选就好。

Q. 想要买花送人该怎么跟店员沟通？

A. 跟店员说清楚送花的对象和目的，以及自己的预算有多少。

这种情况下，先跟店员说清楚为什么要送花，送花对象的年龄、性别等信息。像是对方是比较时尚的人，或是对方喜欢简约风、喜欢粉色等，将收花的人的喜好告诉店员，店员就会跟你确认："您知道对方喜欢什么花吗？"等情况。如果不知道，店员就会进一步地向你推荐："您看玫瑰怎么样？""这种华丽的感觉如何？""对方喜欢自然一点的吗？"等。另外，还有一点很重要，就是预算问题。买花的时候一定要跟店员说清楚自己的预算大概有多少。

插花工具和花瓶的介绍

要想修饰插花，就少不了用剪刀。所以建议学习插花的朋友们，可以买 1 把花艺专用剪刀试着实际操作一下。初学者刚开始可以用身边的一些普通容器装饰插花，熟练之后，如果手里有一把好使的剪刀会更方便。

工具

剪刀

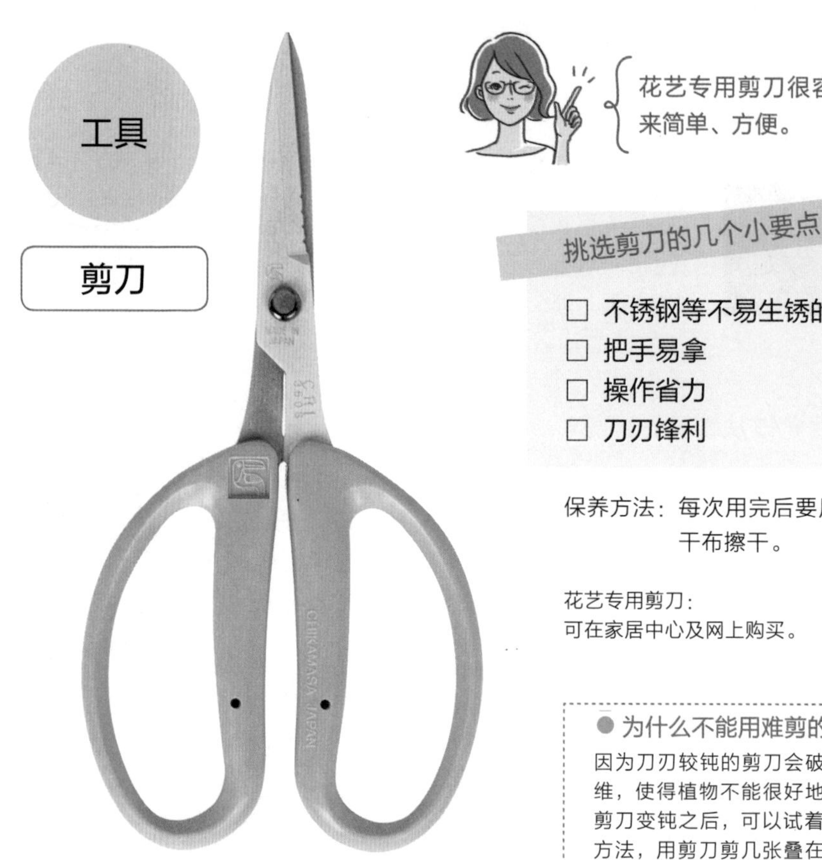

花艺专用剪刀很容易购买，使用起来简单、方便。

挑选剪刀的几个小要点

- □ 不锈钢等不易生锈的材质制成
- □ 把手易拿
- □ 操作省力
- □ 刀刃锋利

保养方法：每次用完后要用水清洗，再用干布擦干。

花艺专用剪刀：
可在家居中心及网上购买。

● 为什么不能用难剪的剪刀？

因为刀刃较钝的剪刀会破坏植物茎部的纤维，使得植物不能很好地吸收水分。所以剪刀变钝之后，可以试着按照下面介绍的方法，用剪刀剪几张叠在一起的铝箔片，这样刀刃就会变得锋利。

● 让刀刃变锋利的方法

将 1 张大小为 20cm × 20cm 的铝箔片折叠 4 次，然后按 1cm 的间隔从铝箔片的一端剪到另一端，这样剪刀就会逐渐变得锋利。

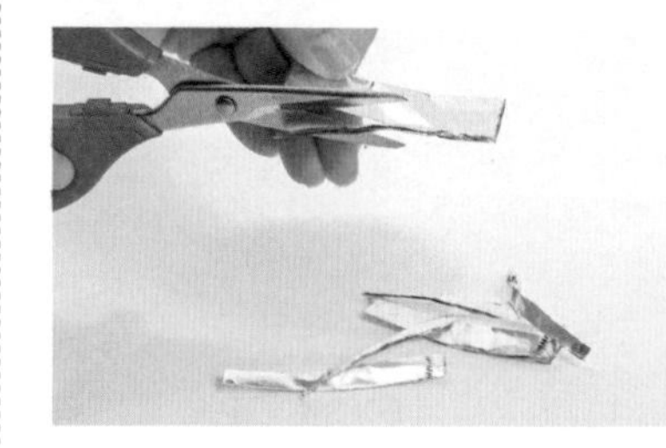

有这个工具会很方便！

喷壶

从喷嘴喷水，可让花卉变得生机勃勃。尤其推荐在干燥的室内等地方使用。

花瓶

如果没有专用的花瓶也没关系。
只要利用好身边的各种容器，就能化废为宝，使其变成好用的花瓶。各种具体的创意将在第 3 章中介绍。

空瓶空罐

像是果酱的空瓶或是装红茶的空罐子，这些容器既时尚，大小又刚刚好。使用这类容器时，我们要先把它们洗干净。铁罐容易生锈，建议在里面放置装水用的玻璃容器，这样使用起来就很方便了。

餐具类

像是杯子、茶托、小陶器、奶壶等，在这些容器内，自然地装饰上少量的花朵就能成为漂亮的插花作品。一些边缘有缺口，但是自己又很喜欢不舍得扔的餐具，就可以巧妙地将其转变成插花容器。

Q. 初学者适合用什么插花容器呢?

A. 适合用口小、平稳的容器。

瓶口小、上窄下宽的容器比较适合新手入门。而这有两个原因。

1. 瓶口窄小，插花数量有限，新手更容易布置和平衡插花的花卉布局。

2. 上窄下宽的器形使容器比较平稳，即使只倒入少量的水也不易倾倒。

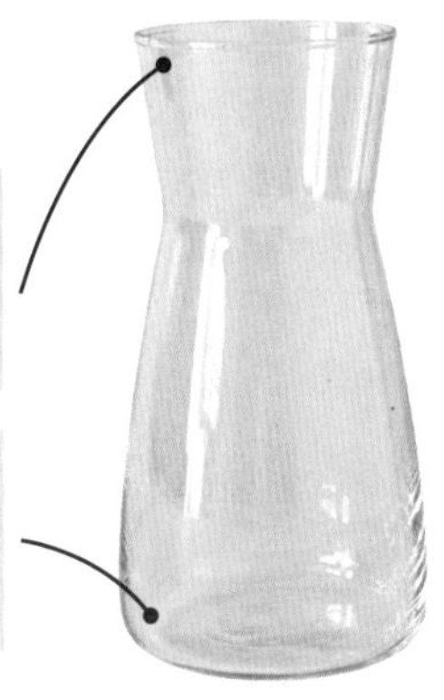

新手比较难运用好口宽且越往下瓶身越窄的容器。因为这样的容器往往不太稳定，瓶口宽就需要用很多花装饰，就更难保持平衡了。所以，保险起见，建议新手刚开始可以避开这类容器。

Q. 什么高度的插花容器易于插花

A. 具体根据花形、装饰的地方来决定。

没有什么固定的容器高度。不过建议新手可以使用高度在 20cm 以下的容器，这样便于操作。高约 10cm 的容器容易刚好可以放入 1 枝玫瑰。而要想营造柔和的氛围，也可用高约 20cm 的花瓶，瓶内插上香豌豆进行装饰。

花泥的使用方法

这是一个很方便的插花道具。只要把它放进花瓶内作为基座，就能简单插入花并固定住。为了能延长开花的时间，下面让我们来学习花泥的正确使用方法吧。

花泥

标准尺寸：23cm（长）× 11cm（宽）× 8cm（高）

图为树脂泡发型花泥。本身含有多孔可蓄水，所以当花插进花泥内，就如同泡在水中一般，能吸收到许多水分。花泥可以在家居中心或是花店购买。

要点！

注意分清上下面！

有文字的部分是上面。之所以要分清上下面使用，是因为花泥含有防止烧叶（叶子泛黄的现象）的药剂和防腐剂，因此在使用时必须确认好上下面。这样也能提高保水能力。

花泥刀

标准尺寸：全长约 30cm

花泥刀是根据花瓶大小调整花泥尺寸时要用到的切割用具。面包刀也可用作花泥刀。这类刀具的刀头较长，切割时需一刀下去。如果在一处多次插入刀头，切口处的花泥会变得十分松散。

用完后的处理方法

● **不能重复使用**

因为花泥使用过后会留有很多孔洞，花朵难以二次插入，且易滋生细菌、杂菌，所以不建议二次使用。而且花泥再次进行干燥处理后，水就不能浸透花泥了，所以用完后建议直接扔掉，使用新的花泥。

● **如何处理花泥**

取出花卉或绿植后，因为此时的花泥含有水分而很重，所以处理花泥的第 1 步要先把花泥切割成许多小块。然后用手握住并按压花泥，以便挤出里面的水分。最后根据不同地方的垃圾回收政策处理废弃花泥即可。

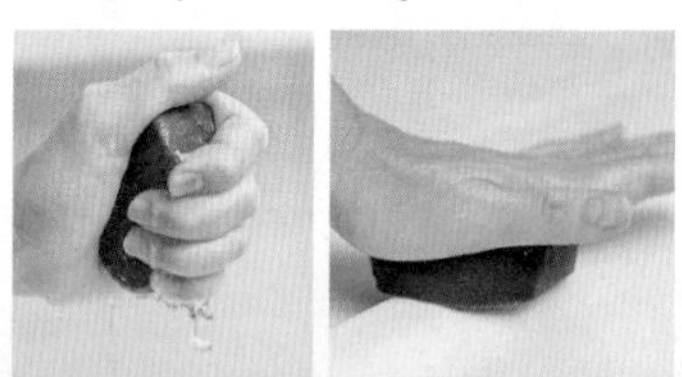

基本使用方法

准备好插花容器和花泥后，就来给插花打底吧。
插入花材茎部的基本动作可参考 P84。

1 印模子

在花泥的上面反向放置装饰花卉的容器，用力按压容器，使之在花泥上留印。

2 切割花泥

根据印痕用花泥刀切割花泥，把多余的部分切掉。

3 根据容器形状进行切割

接着继续切割花泥调整形状，以便将花泥放进容器里。因为这里使用的是上宽下窄的容器，所以花泥要朝下斜切。

花泥一旦吸水就会膨胀变形，花泥放得太多可能会导致水溢到桌子上，所以要提前预估好大小后再切割。

最后确认！
要确认花泥是否能放入容器，并进行调整，让花泥比容器高出1cm。

4 让花泥吸水

调整好花泥的形状后，将花泥放置在盛有水的容器如碗里，让它自然漂浮，等待其吸水下沉。

水不够的情况下
避开花泥，从侧面将水倒进碗里。

不能这样做！
如果用手强行按压花泥，使其下沉，虽然花泥的表面湿润了，但是内里还是干的。这种状态下插花，会加快花的枯萎速度。

5 将花泥放入插花容器

将吸饱水的花泥放入插花容器，使其成为插花的基座。

栏目

能让花卉冻龄的
基本操作①

水剪法的基本操作

要插花，就肯定要在水中修剪花茎。
使用剪刀时，注意不要受伤。
下面就给大家介绍简单修剪的安全操作方法。

正确的基本操作

按水剪法修剪时，花茎的先端要向着外侧
（与自己的身体相反的一侧）。
手指不要太靠近剪刀的前头。上图为正确示范。

图为手指放在剪刀前头的情况。
这样做容易剪到手，很危险，所以切勿模仿。

图为茎先端朝向身体一侧的情况。
手指在剪刀的下面。
这样也可能会剪到手指，所以也不能这么修剪。

第2章

简单易操作
让花卉冻龄的装饰和养护方法

要想让买回来的或是收到的花冻龄，应该怎么办呢？
本章将就这一问题进行解答。通过简单的插花操作和养护，
就能延长插花的存活时间。赶紧来试试看吧。

插花流程

在超市的卖花区买了几种花卉后，该怎样装饰才能让花保持跟原来一样漂亮的状态呢？

谷川老师

相信买花之后，大家都想赶紧回家将花装饰起来，但是先别急！
前面提到过，挑选花卉跟买菜一样也要看新不新鲜。
但是之后的处理方法就有些不一样了。
蔬菜买回来后，我们一般都会把它放入冰箱，或是直接做菜吃。
而花卉买回来后，我们会想让花一直冻龄在美丽的状态。
这就需要我们精心地养护花卉，让其保持在美丽的状态。

将买到的花装饰起来

“今天买了两把混合有不同种类花卉的花束。这是在观察好花瓣、叶子、雌蕊等状态后挑选出来的新鲜花朵。”挑选方法参考 P12。

1 买花

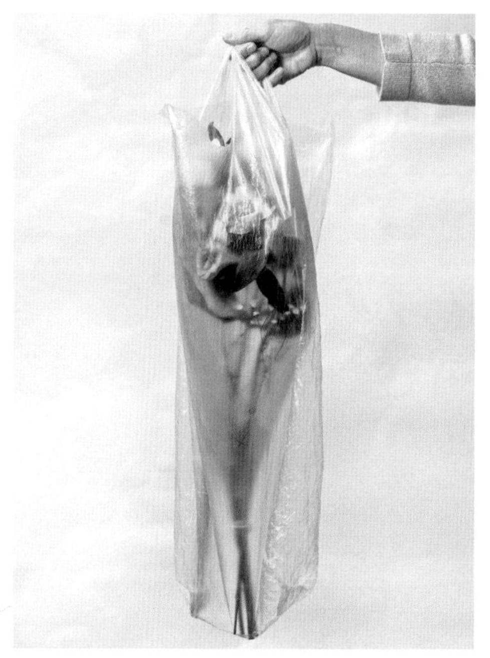

为了不让袋中的花朵受损，需要轻拿轻放。

2 从袋中取出花束

为了不让花受伤，要从袋中小心取出。

3 去掉玻璃纸

首先，往下抽去包裹花卉的玻璃纸

确认花瓣和花上其他部分有没有勾到玻璃纸，然后小心地去掉纸张。不要强行拉扯玻璃纸，否则花枝容易折断。

这时要小心翼翼！

如果花挂在玻璃纸上难以取下，可用剪刀剪掉玻璃纸。

当花勾到玻璃纸时，不要强行拉扯，可以用剪刀剪开玻璃纸。剪时注意不要剪到花朵和叶子！

步骤 2

去掉非洲菊上的玻璃纸

非洲菊绽放的时候，花朵平开。在运输过程中，为了避免花朵受伤，会给每朵非洲菊套上玻璃纸，使其处于闭合状态。

→

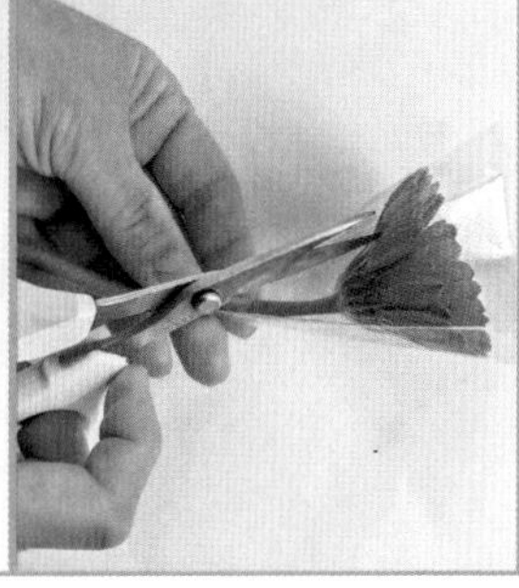

因此，带回家后需要取下花朵上的玻璃纸。一般来说，往下拉取玻璃纸（左图）即可，若花瓣缠在纸上，不要硬拉，用剪刀将纸剪开然后取下就可以了（右图）。

4 分开花朵

去掉玻璃纸后，可以发现里面有六出花、非洲菊和满天星。将捆绑花朵的橡皮筋解开，分开花朵。将花朵放在玻璃纸上处理，便于收拾碎屑。

这时要小心！

如果花朵缠在一块，可先抽取枝叶较少的花朵。

当难以分开花朵的时候，可以先抽取枝叶较少的花朵。如图中就先平行往上抽取了没有叶子的非洲菊。

六出花和满天星缠在一起时。

强行拉扯容易让花受伤，所以此时要小心处理。要仔细地解开打结的地方。

5 装饰花卉

准备工作

1 将六出花上受损的叶子和大叶用手摘掉。
2 用水剪法修剪花茎，使花长为花瓶高度的 2 倍。非洲菊要剪得短一些，并另外装饰。

水量

（左）六出花 + 满天星
　　水深 5cm
（右）非洲菊　水深 2cm

图中最靠前的是从六出花上摘掉的叶子和非洲菊被剪掉的花茎。具体的装饰和养护方法，请参考 P50（六出花）和 P54（非洲菊）。

存活期长，但花柄容易折断的花

* 六出花
* 紫罗兰
* 洋桔梗

花柄是指直接支撑着花朵的花茎。

上面列举的是一旦被强行拉扯，或是手碰到了，花柄就很容易折断的花。因此，处理这类花时要仔细一些。

插花方法

要想让花卉冻龄，关键在于花的高度、水量和摆放的位置。具体可参考第 3 章的内容进行实践！

打造量多、华丽的插花

· 在花瓶内轻轻插入六出花（参考 P50 的装饰方法）。
· 剪短非洲菊后进行插花（参考 P54 的装饰方法）。

装饰的地方：
为了延长花卉的存活时间，如右图将插花作品摆放在无阳光直射和非空调迎风口的窗边。

切分花朵，使大小插花搭配得宜

从花瓶内的六出花中，选取 1 枝，剪去上面的 1~2 朵花（参考 P36），将小花放在玻璃容器上。非洲菊也被插在了另外两个不同高度的玻璃容器里，用玻璃酒杯和玻璃奶壶作为容器。

每天的养护技巧

仅靠简单的养护，就能让花卉延长存活的时间。
接下来就让我们来学习这些养护技巧，努力让花卉冻龄吧。

如果不更换花瓶内的旧水，就容易滋生杂菌，导致水变混浊。换水的同时，花瓶内侧也要用洗涤剂清洗干净，之后再换上新的水，这样就能有效抑制杂菌滋生，延长花的寿命。

清洗花瓶

花瓶内的黏液和脏污会导致植物茎部腐烂，滋生杂菌。所以要换掉里面的脏水。具体操作是拿海绵蘸取中性洗涤剂，然后好好地擦掉瓶内黏液和脏污。
如果经常换水，也可以只简单地冲洗花瓶。

换水

如果可以，最好每天换水，花会存活得更久。倘若无法每天换水，建议按以下时间换水。

夏天：每 1~2d 换 1 次水。
冬天：每 4~5d 换 1 次水。

重新修剪

换水时，需将浸泡在水中的茎先端再次按水剪法进行修剪。重新修剪的方法基本上跟水剪法（参考 P17）一样。

重新修剪

将曾修剪过的花茎先端用和第 1 次一样的方法处理。先将茎浸泡在放有水的碗内，然后按水剪法剪掉茎先端 1~2cm 长的部分，之后重新插花装饰。基本上每 3d 进行 1 次修剪，茎变短后，可以换小一点的容器装入花卉。

Q. 有花枯萎该怎么办？

买花后

用水剪法修剪花茎后进行装饰的状态。

A. 只摘去枯萎的花即可。

花的寿命因花而异。换水时，如果发现有枯萎的花朵，轻轻摘去即可。

像百合一样，单茎上长出许多花朵的花又该怎样处理呢？

只需将分枝上的枯花在与花茎的衔接处整朵剪掉就可以了。其他的花若是还有生机，可以继续换水装饰、观赏。插花的时候也一样，看到有枯萎的花就把它剪掉。

10d 后

下面的花逐渐枯萎，呈褐色。

剪掉枯萎的花

从枯花与花茎间的衔接处剪掉花朵。

一直观赏到最后

若是花朵数量变少，花茎越剪越短，可换个小一点容器装饰。

可切分使用的花卉与绿植

有些植物的茎上能长出多条分枝，分枝上又会长出许多花。
下面就给大家介绍如何切分这些植物，以及剪短后的插花技巧。
小小的插花，装饰在洗手间等处，可很好地点缀室内环境。

在 1 条茎上分枝的花卉

●切分方法

用剪刀在分枝处剪开。

短舌匹菊

●装饰方法

1 将茎修剪为花瓶高度的 2 倍长。
2 将泡在水里的叶子剪掉，然后用水剪法修剪茎先端。
3 将茎捆绑在一起，插入花瓶内。
4 小心拉动调整插花形态，使其整体看起来更柔和美丽。

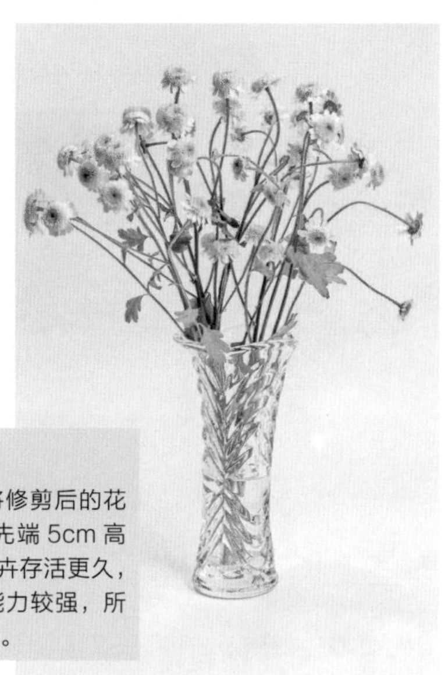

让花卉冻龄的要点

用水剪法剪掉茎先端，将修剪后的花浸泡在水中，水位到茎先端 5cm 高处即可。干净的水能让花卉存活更久，不过花卉在净水中吸水能力较强，所以别忘了经常给插花浇水。

在顶部分枝的花卉

●切分方法

将粗茎顶部的分枝用剪刀剪开。

六出花

●装饰方法

1 将浸泡在水里的叶子和比花还要长的叶子剪掉。
2 用水剪法将茎先端剪掉 1cm。之后将修剪后的茎先端约 2cm 长的部分浸泡在水中。
3 捆起茎的时候将花转向外侧，捆后插入花瓶内。

让花卉冻龄的要点

水放得太多容易导致茎腐烂，水也会很快变脏，所以要控制好瓶内的水量（到茎先端约 2cm 高的深度）。

顶部分枝并长出果实的植物

●切分方法

将粗茎顶部的分枝用剪刀剪开。

金丝桃

●装饰方法

1 将剪开后较粗的枝条修剪至容器（使用玻璃奶壶）高度的 2 倍。
2 将泡在水中的叶子剪掉。
3 用水剪法剪掉茎先端 1cm 长的部分，然后根据容器高度继续修剪茎先端（参考 P17）。

让花卉冻龄的要点

将茎先端 2cm 长的部分浸于水中即可。如果果实变黑了，要将其剪去（参考 P67）。

茎上长有很多叶子的植物

●切分方法

用剪刀剪掉茎上生长的叶子。

大王桂

●装饰方法

1 将浸泡在水中的叶子去掉。
2 将切分好的几枝一起插入容器内（使用奶壶）。

* 因为这种植物的茎很强韧，所以可以用橡皮筋将多枝的茎先端捆绑在一起，以便塑形。

让绿植冻龄的方法

可以将茎先端约 2cm 长的部分浸于水中。之后每过约 1 周，清洗花瓶和茎先端，然后用水剪法剪掉茎先端约 5cm 长的部分，并更换瓶内的旧水。

新手如何制作出协调的插花作品

“买花之后，却怎么也弄不好插花……”“要怎样才能装饰得宜呢？”等，想必这些都是插花新手们会经常问到的问题。但是没关系，下面就让我们来学习一些新手也能快速入门的简单插花方法，相信问题自会迎刃而解。

将 3 枝玫瑰装饰在高 20cm 的花瓶（常见的花瓶）里

水位为到茎先端约 5cm 高处。

1 将 3 枝玫瑰修剪为花瓶高度的 2 倍长，即约 40cm，然后用水剪法剪掉茎先端 1cm 长的部分。

2 将 3 枝玫瑰的花朵向前倾斜插入花瓶（上图为侧视图）。

将 3 枝玫瑰装饰在高 14cm 的花瓶内（可用空瓶等）

瓶内的水位保持在浸泡茎先端 5cm 深处。

1 将 3 枝玫瑰修剪至花瓶高度的 2 倍长，即 28cm，然后用水剪法剪掉茎先端 1cm 长的部分。

2 先将 1 枝玫瑰的花朵向前倾斜插入花瓶。然后以这枝玫瑰为中心，两侧各斜插 1 枝玫瑰（上图为侧面图）。

要想让花与花瓶保持协调美，可以通过调整花材长度与花瓶高度的比例来实现。

适用于所有花卉的黄金比例

花瓶 ：花材 =1 ：1

（露出花瓶的部分）

将花材修剪成花瓶的 2 倍长后，外露于花瓶的花材长度跟花瓶瓶身等高。这是插花的万能黄金比例。如果不知道该怎么插花，按这个比例就可以了！

当熟悉了黄金比例插花法后……

显得轻盈的比例

花瓶 ：花材 =1 ：1.5

（露出花瓶的部分）

将花材修剪成花瓶的 2.5 倍长。这一比例适合花茎纤细、茎上长有小花的植物。能强调露于花瓶外面的纤细花茎，打造轻盈的美感。

显得小巧可爱的比例

花瓶 ：花材 =1 ：0.5

（露出花瓶的部分）

将花材修剪成花瓶的 1.5 倍长。这一比例适合非洲菊、玫瑰、芍药、绣球花等花朵大的花卉。花瓶上露出大花团，看起来十分可爱。

插花枯萎了该怎么办

花朵枯萎并不是由一个原因造成的。
需要结合各种原因采取相应的对策。

Q. 花全都枯萎了该怎么办?

原因 1 花瓶里的水没了。

对策

1. 将所有花从花瓶中取出，然后用水剪法剪掉茎先端 2cm 长的部分。
2. 将花插入放满水的花瓶，过半天后看一下情况如何。

   如果恢复了生机，就把花瓶里的水量减少到茎先端 5cm 高的深度，继续做插花装饰。
3. 如果试了 2 的方法也行不通，就将茎先端剪掉约 5cm，然后插入玻璃容器。若是还不行，那就只能放弃了。

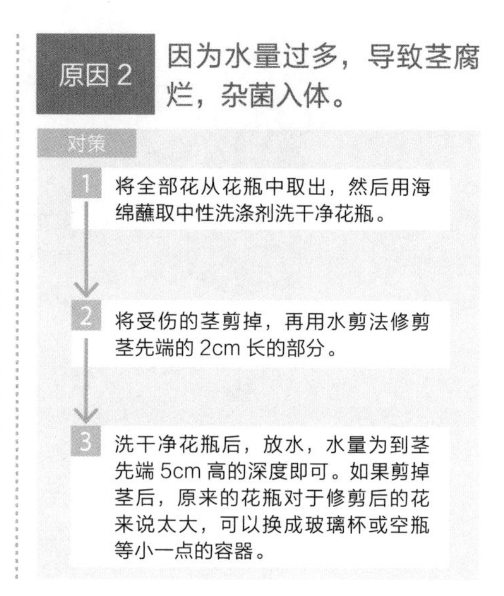

原因 2 因为水量过多，导致茎腐烂，杂菌入体。

对策

1. 将全部花从花瓶中取出，然后用海绵蘸取中性洗涤剂洗干净花瓶。
2. 将受伤的茎剪掉，再用水剪法修剪茎先端的 2cm 长的部分。
3. 洗干净花瓶后，放水，水量为到茎先端 5cm 高的深度即可。如果剪掉茎后，原来的花瓶对于修剪后的花来说太大，可以换成玻璃杯或空瓶等小一点的容器。

Q. 多种花中，只有其中一种花枯萎了该怎么办?

原因

花的寿命因花而异。不同种类的花插在一起装饰，就可能会遇到有一种花先行枯萎的情况，这就可能是枯萎的花朵寿命较短，或是吸水能力较差导致的。

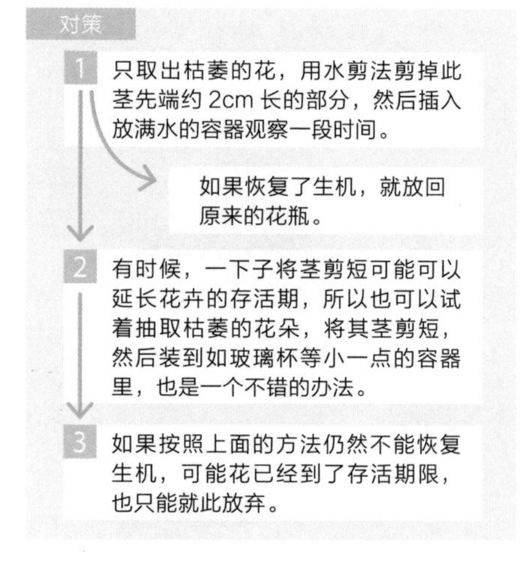

对策

1. 只取出枯萎的花，用水剪法剪掉此茎先端约 2cm 长的部分，然后插入放满水的容器观察一段时间。

   如果恢复了生机，就放回原来的花瓶。
2. 有时候，一下子将茎剪短可能可以延长花卉的存活期，所以也可以试着抽取枯萎的花朵，将其茎剪短，然后装到如玻璃杯等小一点的容器里，也是一个不错的办法。
3. 如果按照上面的方法仍然不能恢复生机，可能花已经到了存活期限，也只能就此放弃。

若是花枯萎了，可别一下子就放弃了。
根据具体情况，试试下面的拯救方法吧！

Q. 都是同一种类的花，但是有 1 枝枯萎了，该怎么办？

原因 1 那一枝花没有浸到水。

对策

1. 取出枯萎的那枝花，用水剪法剪掉茎先端 2cm 长的部分，然后将之放入装满水的容器内观察。
2. 如果恢复了生机，就可以放回原来的花瓶。

原因 2 没做好茎的处理，吸水能力差。

对策

1. 取出枯萎的花，用水剪法剪掉茎先端 2cm 长的部分，然后放入装满水的容器内观察其状态。

   如恢复了生机，可放回原来的花瓶。

2. 需要大剪以便让花存活下去的情况下，将枯萎的花剪短，接着放入其他如玻璃杯等小一点的容器内装饰，也是延长花期的办法之一。

Q. 花日益老化该怎么办？

原因

持续保持开花状态会消耗花的能量，也导致花朵逐渐老化。而且如果茎太长，吸水的过程就会消耗更多的能量。

对策

1. 将花修剪到大概能插入到杯子里的长度，用水剪法剪掉茎约 2cm 长的部分。
2. 向杯中倒水，水量为浸到茎先端约 5cm 高的深度，完成插花。像这样通过缩短茎先端到花朵之间的距离，减少耗能，可有效延长花卉的存活时间。
3. 如果按照上述的办法也没能让花恢复生机，可能是花的寿命将至，也只能放弃了。

收到花束后该怎么处理

相信有很多人收到花束后，不知道该如何处理。
下面就给大家介绍收到花束后延长赏花时间的方法。

“难得包装得那么好看，就直接这么放着可以吗？”曾经也有人问过我这个问题，但是通常花需要每隔 0.5d 或 1d 浇 1 次水，所以一直这样不解开包装是不合适的。回到家后，要赶紧将花浸在水里，这样才能让花存活更久。

* 具体养护方法参考 P16~17。

解开包装

从花店购买的花会先浇水，然后再用纸等包装起来。这些都是为了方便客人拿走和移动进行的处理，所以到家后要先解开包装。

解开彩带时，如果上面有透明胶带贴着，要用剪刀剪开。

解开包装，同时解开茎先端上缠绕的用来给花卉补充水分的纸。

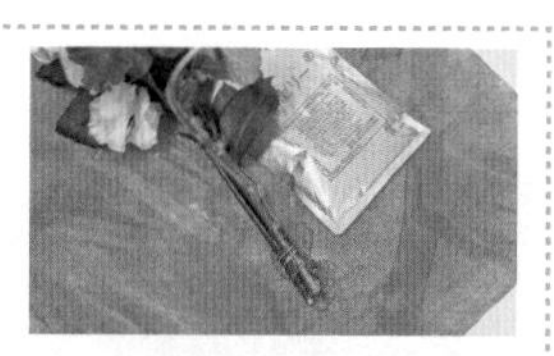

解开包装后，会有装有啫喱状补水剂的袋子放在茎先端。

将茎从袋子中抽出来，然后用流水冲洗上面的补水剂（补水剂是无害的）。

插花前的处理

解开包装后，里面的部分花朵可能会枯萎。所以先要用水剪法剪掉茎先端 2cm 长的部分，让花卉能充分地吸收水分（参考 P16~17）。

步骤 3

插花

如果喜欢花束本身的造型

将花束直接插入花瓶，瓶内的水量保持在浸泡到茎先端 5cm 高的地方即可。

花枯萎的情况下 ● 用水剪法修剪茎，然后将花放入装满水的花瓶，让花吸水约 2h。然后再插入花瓶装饰，瓶内水量保持在浸泡茎先端 5cm 高的深度。

捆绑花茎的情况下 ● 装饰 2~3d 后，要解开橡皮筋，用剪刀修剪受伤的叶子，然后用水剪法剪掉茎先端 2cm 长的部分，再进行插花装饰。

如果想要解开花束插花

先将解开包装后的茎先端用水剪法修剪，然后再进行装饰。花枯萎的情况下，茎先端要用水剪法进行修剪，然后将茎放入放满水的碗，让植物充分吸水约 2h 后再进行插花。

给新手的小建议 ● 新手可以先分类进行插花。花瓶与花的高度比例建议以 1：1 为宜。瓶内水量以浸没茎先端的 5cm 处为宜。
没有花瓶时，可以用玻璃杯、酒瓶、时尚的果汁瓶等。

适合老手的插花方式 ● 将不同的花放在一个花瓶内，打造平衡的美感。装饰方法参考 P56~57 的短舌匹菊插花顺序，将弯曲的茎从外侧插入瓶内，最后将玫瑰从前向前倾地插入，让玫瑰花头处在低位，保持整个作品的平衡和稳定。

收到插花该如何养护

相信有人会问："收到插花礼物很开心，但是不知道该怎么养护。"
下面就教大家如何解决这个问题。

收到花朵美丽绽放的插花作品，当然会很开心。若是再了解养护的方法，就能延长插花的观赏时间，下面就给大家介绍简单的养护方法。

Q. 可以不拆开包装纸和玻璃纸吗？

A. 包裹着插花的玻璃纸会闷着花卉，影响植物的呼吸，所以带回家后要拆开。

垫在里面的玻璃纸起到防水的效果，可以不用拆开。

Q. 可以不用浇水吗？

A. 1~2d 浇 1 次水，每次水量约为 1 杯。

浇水时，要避免水淋到花朵上，为此需要用手轻轻挡开花朵，在插花的某一处花泥上慢慢浇水。

取出花材，左起依次为玫瑰、香叶天竺葵和香豌豆。

Q. 插花里的一部分花卉枯萎了该怎么办？

A. 花的寿命因花而异，所以若是有一部分花枯萎了，就要将其取出。其余健康的花卉，就继续浇水养着观赏即可。

取出受伤的花朵后，插花作品变得有些奇怪时的两种解决办法

1 放到别的容器内装饰

从花泥中轻轻取出所有的花卉或绿植，每枝花或绿植都用水剪法剪掉茎先端 1cm 长的部分，然后插入果酱瓶、杯子或奶壶等容器进行装饰。

2 加入新花

购买新花后，可以试着在抽走伤花的地方插入新花。这次购买了 1 枝新的六出花。将容器里头的花毛茛重新调整，插入到花泥中间后，再将六出花也插进去。

瓶内的水量为能浸泡到茎先端 2~3cm 处即可。

剪开六出花后使用（参考 P36）。剪开后也能长期存活。

* 朝着中心插花，注意保持整体协调。

将花毛茛的茎的先端用水剪法剪掉 1cm 长的部分，然后重新插入花泥正中间的位置。

要点

其他花材曾插过的地方（有插孔的地方）可能会滋生杂菌，插花时要避开这些地方。

让花冻龄的夏日插花对策

* 夏天用冷水浇灌会比较好吗？

若水太冷，植物会难以吸收水分。所以，浇水的时候用常温的水即可。

* 可以用喷壶浇水吗？

可以。还可以将存在冰箱里的冷水用喷壶喷出水雾，让植物恢复活力。

* 可以将插花摆放在空调的迎风处吗？

建议避开空调迎风处。因为放在迎风处会导致叶子的水分流失（蒸腾作用），使花卉过早枯萎。

* 房间特别热且没有空调，插花应该放在哪里？

建议将插花放置在离保冷剂有约 20cm 的距离，温度能适当地降低一些。

花变少后的处理方法

通过调整花瓶里的插花，
可以欣赏到花卉变化的乐趣。

刚完成的插花作品

刚完成插花的花卉生机勃勃，然而随着时间的推移，花朵会逐渐枯萎。当了解到花的种类不同，其寿命也不同后，插花新手就不必为花卉的枯萎而感到不安和自我怀疑了。下面会给大家介绍一些应对措施，各位可以试着挑战一下。

浅色花束

组合成的花束顶端各色花朵绽放，可将其插入圆形花器进行装饰。

花卉 ● 绣球花、洋桔梗、蓝盆花、大星芹、天竺葵
绿植 ● 香叶天竺葵、矢车菊

1 周后

因为蓝盆花、大星芹和天竺葵枯萎了，所以取走了这些花。绣球花、洋桔梗和绿植还很健康，只需重新修剪一下花茎即可（参考 P35），之后将花插入小一圈的花瓶内，又能继续观赏一段时间。

* 若是浸在水中的花茎变得黏腻了，要用水轻轻冲洗干净。

10d 后

10d 过后，绣球花也枯萎了。此时要果断地将绣球花花茎修剪至花柄处，并提高瓶内的水位。因为此时的茎只剩 2~3cm 长了，所以要在容器内把水装至 9 成左右，让茎先端能浸入水中（绣球花的修剪方法参考 P17）。这样就能延长 1 周左右的赏花时间。

我家厨房没有阳光直射的地方，所以这里也成了剪短后新插花的“固定座位”。植物需要经常吸水，为了不让植物缺水，就要每天给花瓶内加水。而厨房里就有自来水，养护起来很方便。

将还充满生机的绣球花和洋桔梗捆扎在一起，做成迷你花束。修剪绣球花的茎，挖去茎中心的棉状物后，即使只是插花也能开很长一段时间。这个方法既可以用在花店买的绣球花上，也可以用在院子里摘取的绣球花上。

栏目

将自己栽培的绿植与花卉装饰在一起吧

我家西侧有约 $6m^2$ 的庭院，里面有一些盆栽，可以种植花卉和绿植。我挑选的绿植都是可以自己生长的，修剪过后，每年都会长出新芽，可以成为插花的素材。下面就给大家推荐一些绿植，无论作为盆栽培养还是种在庭院里都很容易生长。

10 月左右的庭院。

推荐的植物①

常春藤

繁殖能力强，若不想让它长得太大，可以种在盆里。想要做成小小的插花，可以剪取约 10cm 长的藤，与花卉一同插入花瓶即可。浸于水中藤会长出根来，可以长时间装饰。

可同时观赏到绣球花和香叶天竺葵（6 月左右）。

初夏，滕本月季“滕冰山”绽放（5 月左右）。

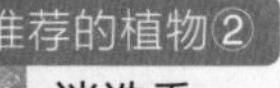

迷迭香

种在庭院里可以很快长大。晚秋时修剪，第 2 年春天会长出新芽，嫩绿色的叶子十分美丽。植物自身带有很强的香气，剪取一些放入室内，香气会弥散于整个房间。茎强健，所以也非常适合做成插花或花束。

推荐的植物③

香叶天竺葵

晚秋时修剪，在第 2 年春天会长出新芽并长大。冬天遇霜会枯萎，所以如果种在盆里，在冬天要放到屋内。植物自身带有清爽的香气，即使只是 1 片叶子、1 条茎也能用于插花。虽然吸水能力较差，从庭院里剪取一些后，用水剪法修剪茎先端，然后泡于水中就能很快恢复生机。插花时可以试着用它。

第 3 章

告别插花盲点
与花卉长期相伴

本章将介绍一些简单、时尚的插花方法，以及插花后花卉的养护方法。
这些方法都是我平日里实践积累的经验，
相信可以让各位能快乐地与花卉长期相伴。

主题 1
推荐给新手的六出花插花方法

六出花是冻龄花卉的代表。
只要注意水量，就能观赏插花长达 2 周。
接下来，让我们从 1 枝花开始试着学习插花吧！

从球根长成花蕾的六出花，
是难得的冻龄花卉。

让插花开 2 周的插花和养护方法

插花时的要点

1. 剪掉分枝上所有的大叶子和浸泡在水里的叶子。
2. 修剪到合适的长度后，用水剪法剪掉茎先端 1cm 长的部分。
3. 将茎先端浸泡于水中，水量为到茎先端约 5cm 高的位置。
4. 花瓣和花柄比较脆弱，容易折断，需要轻拿轻放。

水位距离要小于 5cm！
水不能将茎浸泡过多。否则水容易变脏，导致花卉很快枯萎。

让花冻龄的养护要点

1. 去掉泛黄的叶子。
2. 1 周后，用水剪法将茎先端 2cm 长的部分剪掉，并换上新水，水量深度必须控制在 5cm 以下。
3. 约 10d 后，将分枝上长出的花从粗茎上剪下来，装饰起来，就可以延长花的存活期（参考 P36）。并去掉枯萎的花朵和叶子。

* 可用剪刀或手去掉花朵和叶子。

2 周后
左：插在水量合适的瓶内，花卉生机勃勃。
右：浸泡在放满水的瓶内的六出花的茎腐烂，大大缩短了花的寿命。

- □ 花瓶和露出花瓶的花材高度比为 1∶1。
- □ 将花朵朝前倾斜插入瓶内。

插花方法

使用的花材
◦ 六出花……2 枝

将每枝六出花修剪成花瓶高度 2 倍的长度。

向花瓶内倒入 5cm 深的水，将六出花花头朝前倾斜插入瓶内。

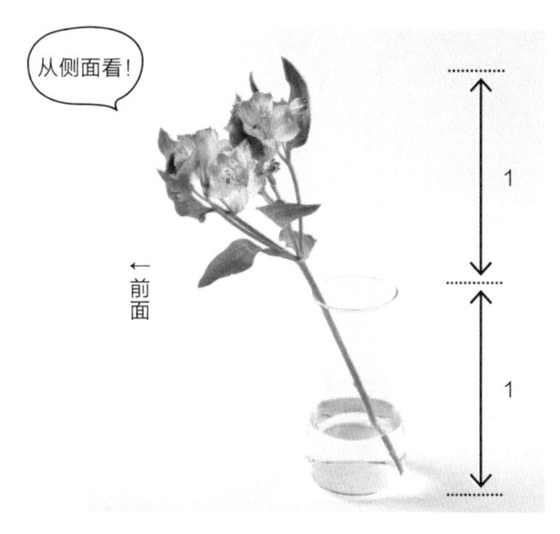

主题 2

让花卉能有效冻龄的简单插花方法

通过修剪浸于水中的花茎，就能有效地延长花的寿命。
每天只需浇水及做一些简单的养护，便可长时间观赏插花。

两种都能较长时间存活的植物组合。
白星花也可换成蓝星花，两者的处理方法一样。

让插花开 2 周的插花和养护方法

插花时的要点

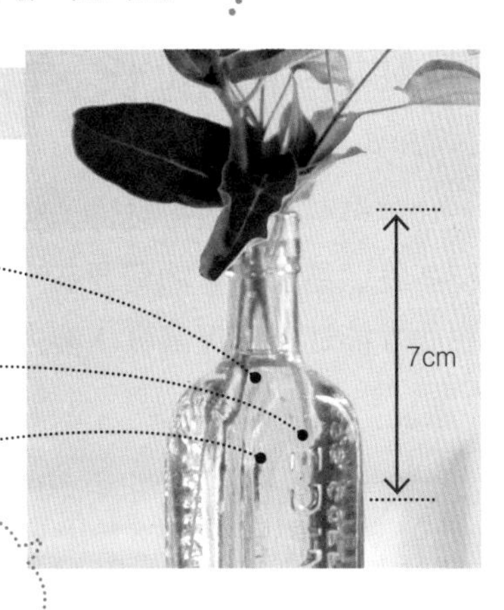

1. 去掉所有低于水位的叶子。
2. 用水剪法修剪白星花，将切口处流出的白色液体冲洗干净（参考 P17）。
3. 将花茎修剪至可浸泡于水中的长度约 7cm。

浸泡于水中的花茎部分少，水不容易变脏，也有利于花的存活。

让花冻龄的养护要点

1. 每天给花瓶换水。
2. 每过 1 周，用剪刀剪掉受伤的叶子和花朵。用水剪法修剪茎先端，并冲洗切口流出的白色液体。
3. 约 2 周后，如果白星花枯萎，就将其摘去。

在瓶内插入百部还能观赏 2 周。

- □ 花瓶高度和露出花瓶部分的花材高度的比例为 1∶1.5。
- □ 插花时，宜高低错落。
- □ 为了突出强调白星花，要将白星花的花朵朝前斜插入瓶。

插花方法

使用的花材

- 白星花（或是蓝星花）……1 枝
- 百部……2 枝

1 将一枝长长的百部插入花瓶中心，要利用茎的走势摆放。

2 再将一枝百部顺着茎的走势斜插入瓶内，使其位置较前一枝低一些。

3 为了能看清花朵，白星花要插在百部的前头。

主题 3
剪短后能延长寿命的非洲菊插花

长茎不经修剪就直接装饰，会导致花卉的吸水能力变差，
花茎脆弱易折的非洲菊要在一开始就剪短，
由此才能让花卉提高吸水能力，延长开花时间。

通过一下子剪短非洲菊的花茎，
可让花卉易于吸水，延长开花时间。

让插花开 2 周的插花和养护方法

插花时的要点

1. 先修剪花茎，然后装饰。
2. 瓶内倒入 2cm 深的水。
3. 为了让水保持干净，只在瓶内插非洲菊和绿植。

一口气将花茎修剪得很短也没有关系！因为非洲菊的茎只有剪短才能很好地吸收水分，让花持续生机勃勃。

让花冻龄的养护要点

1. 每 2~3d 换 1 次水，水位要到能浸泡茎先端 2cm 的高度。
2. 1 周后，用水剪法剪掉茎先端 5cm 长的部分。
3. 要控制好水量，别倒入太多水。

若是树莓叶枯萎了，只留下非洲菊装饰也很可爱。

- □ 花朵靠在插花容器的边缘。
- □ 用绿植遮盖非洲菊的花茎。
- □ 将种类和颜色都很丰富的非洲菊自由搭配，处理方法都一样。

插花方法

使用的花材

- 非洲菊……3 枝
- 树莓叶……3 片

1 在插花容器一旁将花朝下放置，按容器高度的 1.5 倍长修剪花茎。之后用水剪法剪掉花茎先端 1cm 长的部分。

2 将花斜插入容器，使花朵靠在容器的边缘。最后再插上树莓叶。

主题 4

身形纤细却能开很久的短舌匹菊插花

能熟练地插花后，试着打造一个柔和的插花作品吧。
当逐渐掌握了与花相伴的技巧，请一定要试试这样的挑战。

菊科植物短舌匹菊是最能冻龄的花卉之一。延长其存活时间的关键在于修剪花茎和换水。

让插花开 2 周的插花和养护方法

插花时的要点

1. 去掉所有低于水位的叶子。

2. 因为短舌匹菊的叶子容易变黄，所以每条茎仅留 2~3 片叶子，且去掉所有靠近花朵的叶子。

* 用剪刀修剪或是用手摘去叶子都可以。

3. 如果短舌匹菊因不能很好地吸收水分而奄奄一息，可用手折断花茎，使其恢复生机（参考 P17）。

因为水容易变脏，所以要勤换水，以便延长花的存活时间。

这是反复修剪花茎后变短的短舌匹菊，被移到了奶壶里。

让花冻龄的养护要点

1. 每 2d 按水剪法修剪 1 次花茎。

2. 每 2d 用海绵蘸取洗涤剂清洗花瓶内部，更换瓶内旧水。

3. 用手摘掉发黄的叶子和枯花。

插花方法

使用的花材 ◦短舌匹菊……5 枝

准备工作 将4枝短舌匹菊每枝的长度修剪为花瓶高度的2.5倍，最后一枝修剪为花瓶高度的2.5倍多5cm长。

1 将 4 枝为花瓶高度 2.5 倍的短舌匹菊，分别斜插入花瓶。并让 4 枝散开。

2 将最后一枝插入 4 枝中间，这枝的长度要修剪为花瓶高度的 2.5 倍加 5cm 长，需要从中间笔直地插入。

这样就完美了！

- □ 花瓶与露出花瓶的花材高度比为 1∶1.5。
- □ 4 枝短舌匹菊等长，并在花瓶内向四方散开。
- □ 中心插入 1 枝较长的短舌匹菊，营造花朵茂盛的感觉。

从侧面看！

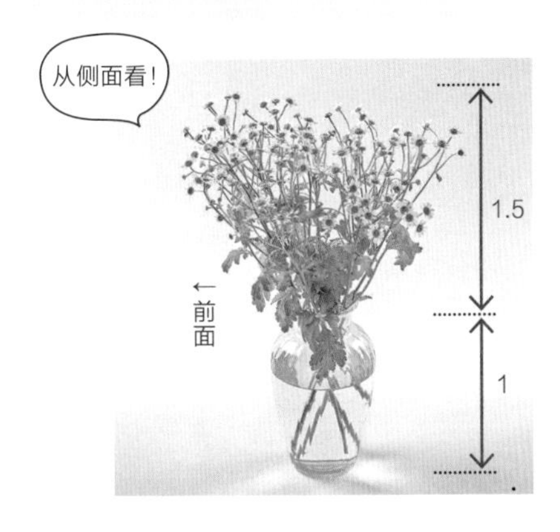

主题 5
冻龄花卉的不同插花乐趣

龙血树生根后可以作为观叶植物进行水培，
金槌花则可以制成干花观赏。

2周后，生根的龙血树和变成干花的金槌花搭配在一起。

让插花开 2 周的插花和养护方法

插花时的要点

1. 去掉低于水位的叶子。

2. 向瓶内倒水，水深为能浸泡到茎先端 5cm 长的部分。

两种植物的茎长度不一，水只要浸泡到龙血树茎先端的 5cm 长即可。

让花冻龄的养护要点

1. 1 周后更换 1 次水。

2. 约 2 周后，龙血树生根时，水量保持在根部能浸泡到的程度即可，但要记得要偶尔浇水。

3. 金槌花的茎容易受伤，所以如果茎变得黏糊糊的，就要将花从水中取出，制成干花。

* 将金槌花剪短，插入空杯子里，就能自然地变成干花。

1 个月后也能继续装饰！

龙血树过了 1 个月就能生根。种在土里也没有问题！只要平时加水以防缺水，就能作为观叶植物观赏好几年。金槌花可以做成干花，装饰在杯子里别有一番风味。

插花方法

使用的花材

- 金槌花……3 枝
- 龙血树……1 枝

准备工作

龙血树和金槌花都要修建到花瓶高度的 2 倍长。

花瓶内插入龙血树，从龙血树的茎旁一枝枝地插入金槌花，使插花参差有序。

- □ 花瓶和露出花瓶外的花材高度比例为 1∶1。
- □ 3 枝金槌花要有高有低地插入瓶内。
- □ 低一些的金槌花放在前头，高一些的放在后面。

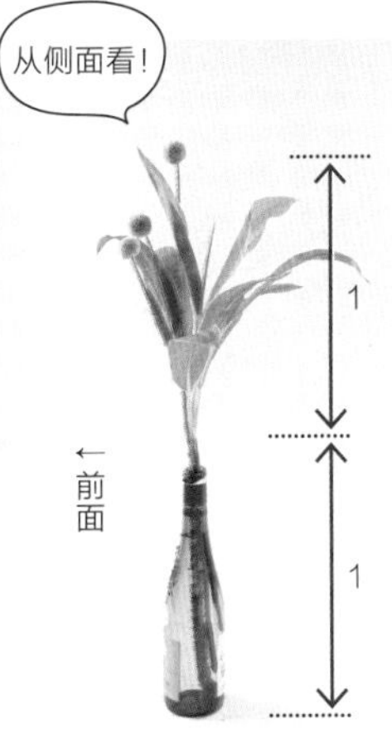

主题 6
用少量的水让多头康乃馨冻龄

只要记得“用少量的水”这点，
就能有效地延长多头康乃馨的开花时间。

像是超市的卖花区等地方，
都能买到多头康乃馨。

多头康乃馨

常春藤

让插花开 2 周的插花和养护方法

插花时的要点

1. 去掉所有低于水位的叶子。

2. 水量保持在浸泡到茎先端约 3cm 长的程度。

3. 用剪刀剪掉不开花的小花蕾。

花蕾开裂，能看到里面花瓣颜色的花蕾能开花，注意不要剪掉！

让花冻龄的养护要点

1. 每 2~3d 用水剪法修剪 1 次茎，茎先端需剪掉 1cm 长的部分。

2. 向花瓶里倒水，水深保持在 3cm 以下。

3. 如左图的花因修剪变短后，移到了小一点的容器里装饰。水深 1cm，每 3d 换 1 次水，这时的茎只需修剪 5mm 即可。

茎浸于水中容易腐烂，所以不要浸得太深！

插花方法

使用的花材
- 多头康乃馨…2 枝
- 常春藤…2 枝

准备工作 将常春藤修剪为容器高度的 2 倍长。

这样就完美了！

- □ 花瓶与露出于花瓶的花材高度比为 1 : 1。
- □ 紧闭的小花蕾不会开花，只会消耗能量，所以要在插花前剪掉。
- □ 常春藤不要固定在一处插入，可以分散地插入瓶内。

1 将多头康乃馨按分枝剪开，每枝修剪为花瓶高度的 2 倍长。

2 将开得最美的 1 枝（A）先放着，把其他花一枝枝地插入瓶内，花朵依靠着瓶口并呈四散状。

3 将常春藤在每 3~4 朵花之间插入。最后将之前放一边的 A 笔直地插入中心稍微偏后的间隙处。

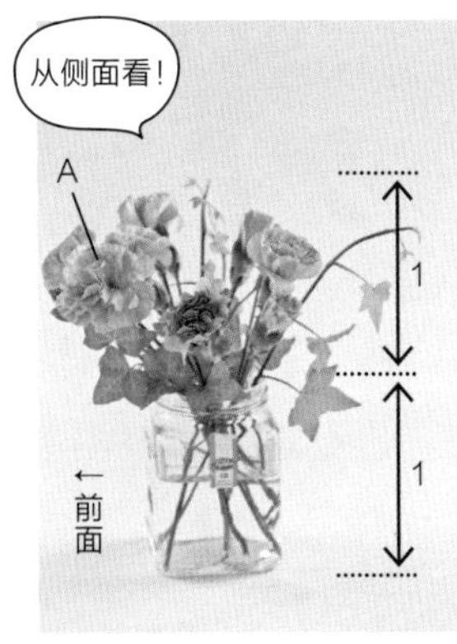

主题 7
用庭院的绿植与冻龄的蓝星花组合插花

通过更换绿植延长观赏的时间，
这是适合喜欢园艺的你的插花方式。

只要能吸水就能长时间存活的菊科植物矢车菊。养护的关键是勤于用水剪法修剪和换水。

让插花开 2 周的插花和养护方法

插花时的要点

1. 将低于水位的叶子去掉，用水剪法修剪茎先端。

2. 用水冲洗蓝星花和白星花切口处的白色液体（参考 P17）。

3. 浸泡在水中的茎长度约为 5cm。

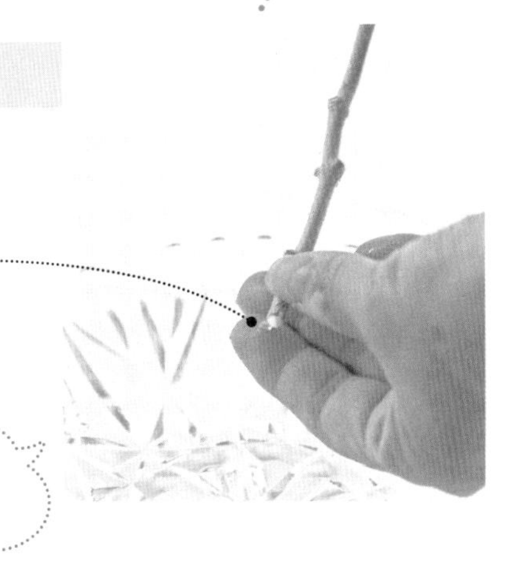

要清新干净蓝星花和白星花切口处的白色液体，否则会阻塞植物导管，影响花卉吸水导致过早枯萎！

让花冻龄的养护要点

1. 矢车菊容易弄脏水，所以每天都要清洗花瓶，勤换水。

2. 矢车菊的叶子若是受伤了就要从瓶中抽去，从院内摘新的换上。

3. 小花束若是变色了要将花束解开，把每枝花或绿植的茎先端用水剪法剪掉 5mm，之后重新捆绑成花束。

在看到叶子受伤变色的时候更换花束里的花卉或绿植。

- □ 容器和露出于容器的花材部分高度比为 1：1。
- □ 容器和花的颜色要相搭，如有许多颜色，可选出与其中的 1 种颜色协调的颜色。
- □ 根据容器的尺寸，就算是一样的花材，但是量不同打造出的感觉也不同。

从侧面看！

插花方法

使用的花材（2 个花瓶）

- 蓝星花…4 枝
- 白星花…4 枝
- 矢车菊…12 枝，均修剪为 10cm 长

准备工作

将所有的花材修剪为容器（空罐）高度的 2 倍长。

1 为了避免铁罐生锈，要在罐子内放入玻璃杯，水倒于玻璃杯内，水量控制在到茎先端的 5cm 处。

2 蓝星花和白星花各 1 枝，矢车菊 3 枝组合在一起，制作成一个迷你花束，然后用橡皮筋捆绑。做相同的 4 个花束。

3 将 3 个迷你花束拼在一起，形成大花束。中心为花，外侧为叶，打造出花束的协调美。剩余的迷你花束插入小的插花容器内。

主题 8

加入绿植，
轻松冻龄 1 个月以上的插花

这是用到了两种假叶树的插花，
适合任何的室内装潢。

看起来像叶子的部分为变化的枝条（叶状枝），
所以不会掉落，是可以长时间保持生机的植物。

让插花开 2 周的插花和养护方法

插花时的要点

1. 用剪刀剪去所有低于水位的叶子。可以将剪掉的叶子另做装饰（参考 P37）。
2. 修剪至所需的长度后，在插花前，用水剪法剪掉茎先端 1cm 长的部分。
3. 水深保持在 5cm 以下。

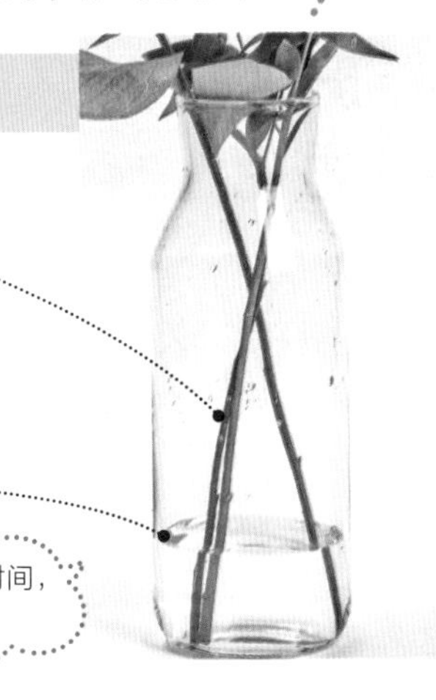

这种植物可以存活较长时间，平时要注意修剪茎！

让花冻龄的养护要点

1. 如果叶子上有灰尘，要用布擦拭。
2. 1 周换 1 次水，同时用水剪法修剪茎。
3. 叶子先端泛黄的时候，只需剪去泛黄的叶子即可。

这种插花可以装饰 1 个多月，平时记得勤擦灰尘。

这样就完美了！

- □ 花瓶和露出于花瓶的花材部分的高度比为 1∶1。
- □ 将大王桂往后倒，圆叶假叶树向前倾，使整体保持平衡。
- □ 同样用假叶树属植物，根据不同种类的叶子形状，不同的组合搭配可以带来不同的观感。

插花方法

使用的花材（1 份）

- 大王桂…2 枝
- 圆叶假叶树…1 枝

准备工作

将大王桂修剪至花瓶高度的 2 倍长。圆叶假叶树修剪得比意大利假叶树短 5cm。去掉低于瓶内水位的叶子。

1 把 1 枝大王桂向后倾斜插入瓶内，再将另外 1 枝插入瓶内，使 2 枝交叉，从而保持整体稳定。

2 将圆叶假叶树向前倾斜插入瓶内。

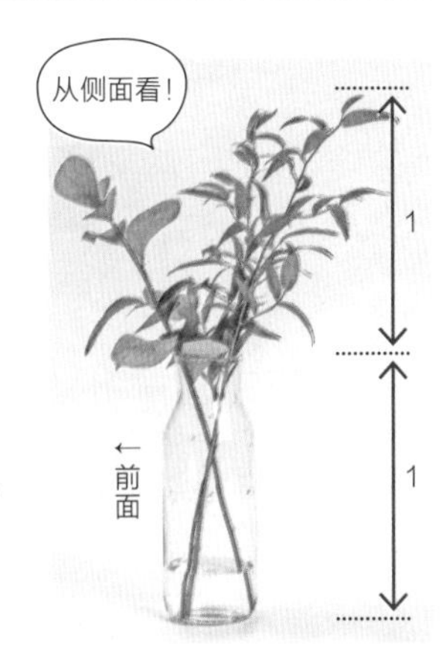

主题 9

简单养护即可持久装饰的金丝桃插花

金丝桃的果实能存活很久。
在瓶内插入几枝同品种的金丝桃，
可以起到装饰的效果。

金丝桃的果实有光泽、圆润。是茎叶强健的冻龄植物。

让插花开 2 周的插花和养护方法

插花时的要点

1. 要去掉所有受伤的叶子、变黑的果实，以及低于水位的叶子。

2. 修剪成所需的长度后，用水剪法剪掉茎先端 1cm 长的部分（参考 P17）。

3. 水位要到能浸泡到茎 5cm 深的程度。

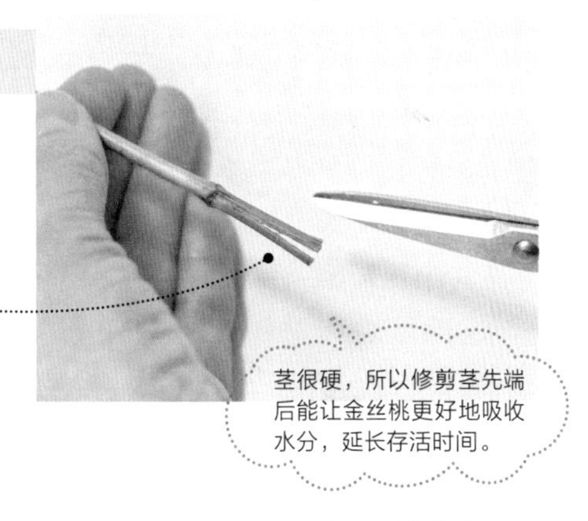

茎很硬，所以修剪茎先端后能让金丝桃更好地吸收水分，延长存活时间。

让花冻龄的养护要点

1. 大概每 5d 换 1 次水。

2. 换水的时候，顺便用水剪法修剪茎先端。

3. 叶子变为褐色或是果实变黑了，要用剪刀剪掉。

果实若是变黑了，要从果柄与茎的衔接处起将果实剪掉。

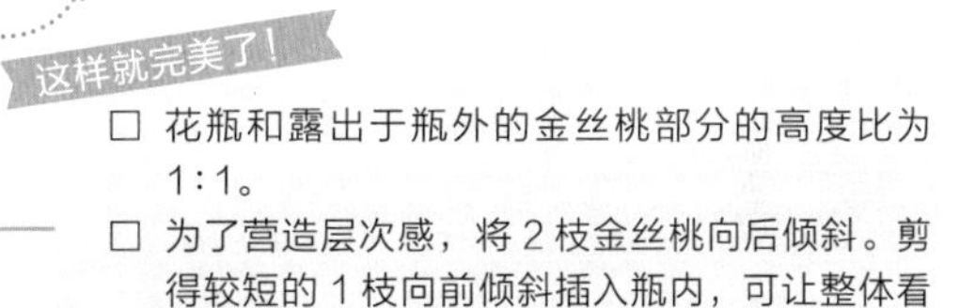

这样就完美了！

☐ 花瓶和露出于瓶外的金丝桃部分的高度比为 1∶1。
☐ 为了营造层次感，将 2 枝金丝桃向后倾斜。剪得较短的 1 枝向前倾斜插入瓶内，可让整体看起来更协调。
☐ 打造出层次感后便可起到装饰的效果。

插花方法

使用的花材

金丝桃（绿果）…1 枝
金丝桃（红果）…2 枝

准备工作

所有的花材要修剪至花瓶高度的 2 倍长。其中红果金丝桃的长度要比其他的短 5cm。

1 将同样长度的金丝桃一枝枝地向后倾斜插入瓶内。使 2 枝交叉并保持稳定。

2 将剪短了 5cm 的红果金丝桃前倾插入瓶内，以便突出红色的果实。

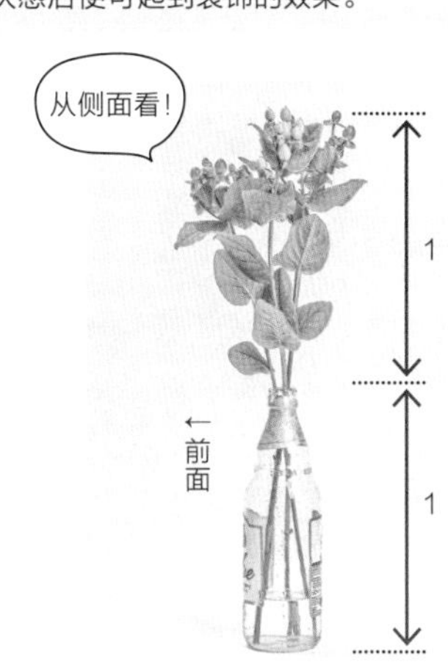

主题 10
在酷暑也能保持
生机勃勃的美洲商陆插花

与冻龄的百部相组合，
打造自然、富有季节感的成熟插花作品。

美洲商陆在夏天在山野和路旁自由生长，是能给插花作品增添一层野趣的植物。

百部

美洲商陆

让插花开 2 周的插花和养护方法

插花时的要点

1. 将所有低于水位的叶子和大叶子都去掉。

2. 将浸泡于水中的粗茎部分剪掉（参考 P17）。

3. 果实太熟的容易流汁，所以要剪掉。

用果实未到成熟期的美洲商陆插花，可延长观赏时间。

让花冻龄的养护要点

1. 美洲商陆的受伤叶子或是成熟果实要用剪刀剪掉。

2. 每 2d 换 1 次水，并清洗花瓶。

3. 如果美洲商陆植株受损，需要抽出花瓶，只用百部做装饰。

浸于水中的茎需长达 10cm。为了支撑较重的茎，要保留较长的茎。

- □ 将美洲商陆顺着枝条的流线摆放，可展现出植物的自然形态。
- □ 挑选有高度的花瓶，观赏果实垂首的姿态。
- □ 根据百部决定插花的高度。通过修剪改变长度，可让整个插花作品产生变化。

插花方法

使用的花材 ◦美洲商陆…3 枝
◦百部…5 枝

准备工作 将 4 枝百部剪成花瓶高度的 2.5 倍长，1 枝剪成花瓶高度的 2 倍长。

顺着美洲商陆的枝条流线摆放，花瓶右边、左边和后边各斜插入 1 枝美洲商陆，使整体呈放射状散开。

将较长的 4 枝百部从前后左右，各从之前插入的花材间隙插入，保持四散状。

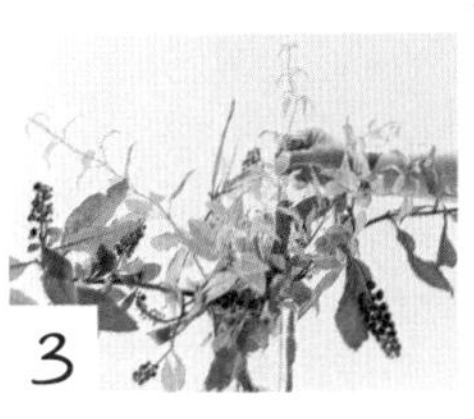

再将剩下的百部从中心笔直插入，这样就能衬托四散伸长的枝条。

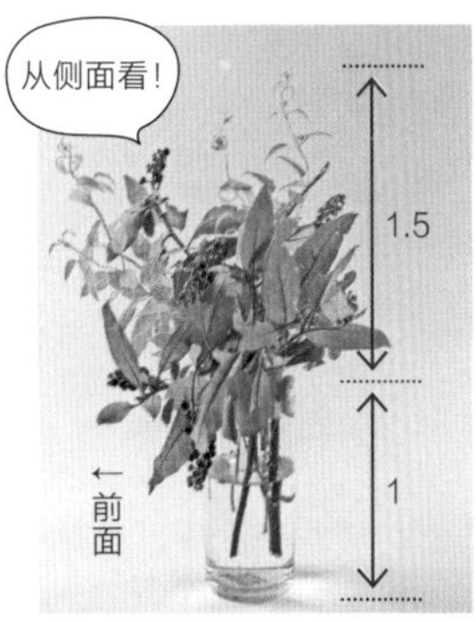

主题 11

让康乃馨的花期长之又长的插花方式

要让康乃馨的花期长之又长，

关键就在于修剪浸于水中的花茎。

搭配馥郁芬芳且能生根的苹果薄荷组合成的冻龄插花作品。

让插花开 2 周的插花和养护方法

插花时的要点

1. 去掉所有浸于水中的叶子。

2. 将花朵高低有别的排开，并捆绑成花束，以免花与花碰在一块（以防花闷坏）。

3. 将水量控制在到浸没茎先端 5cm 处的程度。

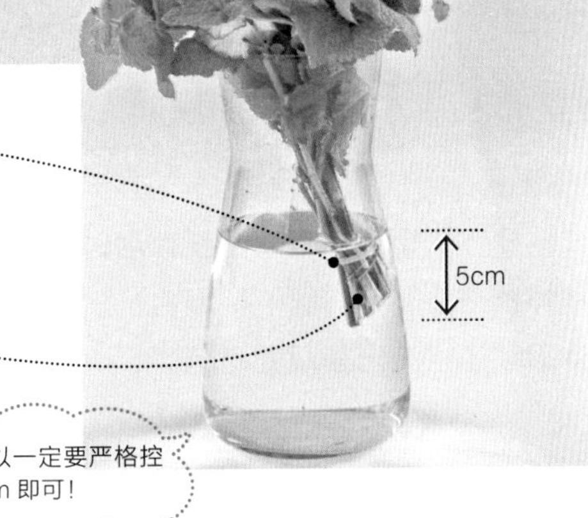

康乃馨的茎容易腐烂，所以一定要严格控制水量，水位到茎先端 5cm 即可！

让花冻龄的养护要点

1. 每 2d 换 1 次水（夏天需要每天 1 次），清洗花瓶。

2. 换水的时候，顺便重新整理花束，将受损的叶子清除掉，用水剪法修剪茎先端。

3. 剪短茎后，用小一号的花瓶装饰插花。

康乃馨的花凋谢后，只留下苹果薄荷装饰，之后苹果薄荷会生根，如此就能长时间观赏。

插花方法

使用的花材 ◦康乃馨…5 枝
◦苹果薄荷…7 枝

准备工作 将 4 枝康乃馨修剪为花瓶高度的 1.5 倍长。剩下的 1 枝（作为插花花材的主角）的长度修剪为花瓶高度的 1.5 倍长加 1 朵花的高度。

这样就完美了！

- □ 花瓶和露出花瓶外部的花材高度比为 1∶0.5。
- □ 将康乃馨捆绑成花束，花朵间要有高低差。
- □ 将花色丰富的康乃馨能搭配得宜的关键在于要挑选同色系的花朵。

1 较长的 1 枝主花放在花束的中心位置，周围围上 4 枝康乃馨。将这几枝花的茎先端束在一起，用橡皮筋捆住。

2 将步骤 1 中完成的花束四周围上苹果薄荷，并捆在一起。

3 用橡皮筋将茎先端捆在一起。中心位置的康乃馨独树一帜，看起来十分美丽。

* 左页图中的左右两个插花作品均用了同样的花材。右侧那个的插花方法可参考 P73。

主题 12
长时间华丽绽放的重瓣洋桔梗插花

洋桔梗在剪短后能有效延长存活时间。
和种植在庭院里的绿植相组合，
使用花泥打造出美丽的插花。

开出重瓣花的洋桔梗花期超长。
用绿植更换、点缀，
还能延长观赏的时间。

让插花开 2 周的插花和养护方法

插花时的要点

1. 花茎插入花泥约 2cm 深。

2. 所有的花卉和绿植都要先用水剪法修剪过后再插入花泥。

3. 插花完成后，给花泥倒水。

重新插入花茎的时候，要避开花泥上的洞孔。

绿植若是蔫了，就从庭院里摘取新的绿植进行更换。

让花冻龄的养护要点

1. 每 2d（夏天为每天）给花泥注 1 次水。

2. 叶子变黄了要摘去，插上新的绿植。

3. 每 3d 修剪 1 次洋桔梗的花茎，按水剪法剪掉茎先端 1cm 长的部分。

这样就完美了!

- □ 花瓶和露出花瓶外侧的花材高度比为 1∶0.5。
- □ 用花泥做基底，并掩盖好花泥。
- □ 几枝洋桔梗要有高有低地插入花瓶，打造如山般的层次感。

插花方法

使用的花材
- 洋桔梗 2 种…各 1 枝
- 香叶天竺葵 2 种…各 2 枝

准备工作 将洋桔梗切分成 3 枝，并修剪为与花瓶等高的长度。准备 2 枝香叶天竺葵，分别修剪为花瓶高度的 1.5 倍长（A），和与花瓶的高度等长（B）。在瓶内放入花泥（参考 P27）。调整花泥，使其高出花瓶 1cm。

1 吸完水的花泥侧面图，将香叶天竺葵（A）绕着瓶口插入。插入时要横向、笔直地插进去。

2 留出中心部分等花卉插入，在花泥上面笔直地插入香叶天竺葵（B）。然后也从侧面插入香叶天竺葵，以便隐藏花泥。

3 中心部分插入大朵、美丽的洋桔梗，要将花头向前，倾斜着插入，另一枝洋桔梗从右侧向中心插入。最后 1 枝从左侧同样朝着中心插入。

从侧面看!

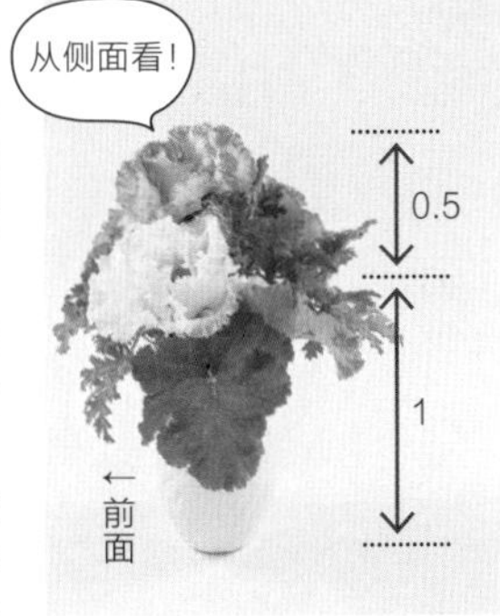

* 左页图中，左右两个插花作品都用到了同样的花材。左侧那个的插花方法可参考 P71。

栏目

我与花的邂逅

通过学习发现了“自我探索之旅”的答案

谷川文江老师在日本兵库县西宫市开办了一家名叫“Atelier F's”的花艺学校，并经营了24年之久。原本作为家庭主妇的她，到底是如何走上人生“花路”的呢?

曾一直迷茫的我

在喜欢园艺的祖母和喜欢插花的母亲的熏陶下，我很小就开始与花相伴了。尽管自开办花艺学校“Atelier F's”以来，已快24个年头了，但我仍然没有感到厌倦，继续着自己最热爱的花艺事业。

而我所感受到的花卉魅力大致有5种。

①接触植物本身所具有的能量。
②通过花与很多人相遇，并进行交流。
③学习课程和制作过程能治愈人心。
④能在生活中运用。
⑤具有创造力。

在课程中，我享受着与学生交流的快乐，同时感受到将所学传授给学生们的喜悦。当收到插花订单时，我可以发挥自身的创造力。每周3次的采购、修剪花茎和打扫卫生、整理房屋，这些工作已成为我生活的一部分。虽然现在的我每天都是在装饰花卉的快乐环境中工作，但我并不是从一开始就以花艺作为人生目标的，在遇到花之前，我曾做过很多事情。

按照英式贵宾室风格打造的 Atelier F's 工作室。

大受好评的干花花环。

在学生时期，我曾想过当一名田径选手，但后来因伤病和实力不足，不得已放弃了梦想。之后，我又想上艺术类大学，想把创意做到极致，可又一直苦于没有机会实现这一目标。接着，我又因为崇拜父亲，他是一名经营高级西服工厂的厂长，于是我便开始学习服饰设计，但后来，我意识到这一专业不适合自己，也放弃了这条路。之后，我因为结婚辞职，也以此为契机，开始认真思考今后该做些什么活下去。可以说，这段“探索自我之旅”曾持续了很长一段时间。

经历地震后我意识到的事情

结婚后，为了孩子我成为一名家庭主妇，并抽空兼职杂货设计和制作拼布工艺，也因此让我一直没有放弃与创意相关的活动。同时，我也在继续摸索着今后的人生道路。

直到 1995 年 1 月 17 日，日本发生了阪神大地震。阪神高速芦屋收费站旁边卡住了一辆公交车，想必很多人都还记得这一幕吧。而我当时所住的地方就在事故发生地的旁边。从避难所回来后，我买了些花装饰房间。我一边看着因地震裂开的道路，一边思考活着的意义。心里开始发誓，要连带着逝者的那一份，努力地幸福生活下去，要怀揣梦想，为他人服务。

那一年，我在室内装饰杂志上投稿了自家的照片，照片很幸运地被采用了，杂志编辑还为此前来采访，并对我家——一栋有 40 年历史的住宅进行了报道。这次报道让我制作的装饰花环引起了话题，有人因此邀请我去做讲师传授制作经验。于是我认真策划了花环从插花到干燥的处理步骤、设计思路、设计方法等一系列内容。在 1995 年 9~12 月的 4 个月里，就收了约 250 名学生。在很多学生的呼声推动下，我开设了“Atelier F's”，学生很快就超过了 50 名。不久后，除了教授干花花环外，让“Atelier F's”开设插花课程的呼声也高涨了起来。

Atelier F's 的外观。

广开花艺教室的努力

活到现在，我为了追求梦想，经历了无数次的坎坷，所以我也认真地思考了该如何让小小的“Atelier F's”成为一个值得人们信赖的地方。当时我就想到要去考取证书，掌握基础知识，并去积累各种实操经验。红发安妮系列中《花季的安妮》是我最爱的书之一，书中有这样一句话，“诗人洛厄尔说过：‘失败并不是坏事，目标低才是罪恶。’”虽然开办“Atelier F's”这个梦想不知道要花多少年时间才能实现，但当时的我下定了决心，要让自己拥有远大抱负，不怕失败，勇于实践，积累经验。于是我在 2000 年建了一座带工作室的房子。屋内设计借鉴了英国贵宾室的风格，从设计草案到装修，都由我全权负责。

而“Atelier F's”之所以在众多插花风格中选择了英伦风，是因为其自然的感觉吸引了我。尽管我是在日本国内考取的花艺资格证，但那时的我对英国插花充满了好奇。于是，我在 2007 年和 2008 年去了英国，并从 2013 年开始每年都去英国，每两年一次和学生一起去花艺学校学习。因为想要更了解英国文化和设计，之后我考入了艺术院校，并顺利毕业。

“Atelier F's”开课时的情形（最右边的是谷川老师）。

“花工场日本”教授花艺工作的技巧（前排左起第 4 位是谷川老师）。

后来我逐渐意识到，为了那些想要在考证后开办学校的学生们，我必须让花艺这一事业商业化，在学习管理的过程中，我进行了长达 10 年的实践。2013 年，在众人的呼声下，为了给今后想从事花艺工作的人提供简单易懂的教学计划和安心学习的场所，我成立了“一般社团法人花工场日本”。2015 年，“Atelier F's”也正式成为一家公司。一些在“Atelier F's”工作了 10 年的员工，后来也纷纷独立出来。可以说，是因为有这么多学生的支持和共鸣，才让我走到今天。

我边摸索边坚持的“探索自我之旅”，给了我一个答案：学习支撑着人生，而我以创造为目标的创意不仅限于创造，还扩展到组织、机制建设和人才培养上。今后，我还会继续学习，为大家创造一个学习花艺的天地。

“Atelier F's”的学生作品。

定期去英国学习英伦风花艺。

不同房间的插花冻龄方法

[玄关]

许多人家里没有空调，会直接导致屋内夏天炎热，冬天严寒。花能否冻龄又与温度有着莫大的关系，在气温低的冬天，为了延长花的存活时间，就需要提前找好放置的位置。

1 月的玄关

我家玄关 1 月的温度只有 10℃左右，只要保证花瓶内的水量能浸泡到茎先端 10cm 的位置，就可以让花存活 2 周。

右　玫瑰、多头月季、香豌豆、花毛茛、六出花
左　郁金香

用花装饰我家时，我都会从思考“生活中应该将花布置在哪里好”这一问题开始。
要点在于“了解放置位置的温度”“挑选存活时间较长的花卉”，以及“根据不同的品种，找出相应的修剪方法、插花长度等具体装饰方法”。

[客厅]

有空调的客厅无论季节怎样变化都能提供花卉舒适的空间，但是无论是暖风还是冷风，只要在空调的迎风口，插花寿命就会缩短。冬天，如果室温超过25℃，建议还是将插花放置在玄关和走廊等比较冷的地方装饰吧。

观赏应季插花

只要用特殊的方法修剪绣球花，就能提高其吸水能力，让花能开2周（参考P17）。若装饰在客厅，宜在边桌上摆放。因为这样路过的时候就不会接触或是弄倒花瓶。要想延长绣球花插花的开花期，就需要控制好室内温度，避免花卉迎风或是被太阳直射。

铃兰的季节

4月末~6月初，铃兰就会上市。虽然铃兰的花期只有1周左右，但是也只有这个季节才能看到铃兰花开，所以每年到这个时候是难得能观赏到铃兰的好机会。

注意：因为铃兰有毒，所以需要将其放置在小孩和宠物够不到的地方。

厨房

厨房多与客厅相接，所以室温跟客厅差不多。每天看到厨房里的插花，心情也会好很多。而且厨房里有水龙头，所以可以轻松给插花换水、浇水。

和喜欢的餐具摆放在一起

从事花艺工作后，总会有留下 1 枝花的情况。将花茎剪短，用果酱瓶等装饰花卉，并摆放在自己喜欢的餐具一旁，就能起到装饰的效果。这种插花的要点是将颜色和形状相近的花卉组合在一起。各位可以在生活中，尝试先用 1 枝花进行这样的插花实践。

带有初夏气息的花卉

图中所示的插花为风铃草和荚蒾。
风铃草剪短后可持续开花 2 周以上。
因为茎容易腐烂，所以瓶内水量控制在浸泡到茎先端 5cm 处即可。
注意不要让瓶内缺水。

就餐区

家里就餐区的室温和客厅一样。在此处，要注意将花摆放在一家人进餐的餐桌上，且插花的花朵要朝向就餐的人。可以用自己喜欢的瓶瓶罐罐打造插花作品，轻松过上与花相伴的日子。

桌上装饰花卉

将从庭院中摘下的水仙与洋桔梗组合，装饰在空瓶内。不过要注意，每天装饰在餐桌上的花朵不能香气过强，且最好挑选不会散落花粉的花卉。

在特别的日子里装饰餐桌的插花

我家每年年底准备过年的时候，都会装饰上正月开花的花卉，以迎接新年。正月我一般会用到大菊、小菊、松枝等。这些花在开空调的房间内也能开花2周以上。因为这时的房间很暖和，所以要注意不要让插花缺水，需要每2d给花泥浇1次水。

把庭院里绽放的花装饰在玄关处

～玫瑰绽放的季节～

想要把庭院里绽放的玫瑰装饰起来时，先在花泥上插入绿植打底，然后插入玫瑰就完成了。这样的插花可以观赏 2 周左右，含苞待放的玫瑰为 4~5d，开花的为 1~2d，当花凋谢后将其抽出来，并换上新的玫瑰插入花泥即可。

* 任何玫瑰品种都可以。
* 玫瑰的花期：一季开花类为 5~6 月；四季开花类为春天到秋天。

装饰在玄关处的绿植、藤冰山、薤白花。

插花方法

使用的花卉和绿植

花 ● 藤冰山、薤白花

绿植 ● 迷迭香、香叶天竺葵、矢车菊等

用绿植打底

将花泥放入容器内，且花泥要高出容器 1cm，插入绿植，隐藏花泥。绿植的摆放要后面高，前面低，使整体看起来比较协调。

加上玫瑰

每枝玫瑰要朝不同的方向插入，营造自然的感觉。然后插入薤白花，利用其茎弯曲的形态增添整体的美感，最后将绿植分别从前面和侧面插入即可完成。

7 月的温度、湿度都很高，所以若把插花放在室外，可能只能维持 2d 左右。想要延长观赏时间，建议除有客人来访的情况之外，都将插花放在凉爽的室内。

* 图中的插花被挂在了门钩上。

用庭院里绽放的花迎接来客
~7 月的花季 ~

初夏的庭院里绣球花绽放，夏天各类球根花卉也竞相开放。大丽花作为插花虽然花开不了太久，但是花朵十分华丽。大丽花枯萎后将其拔去，然后在空出的地方插入开花早的向日葵、绿植等，就可以延长插花的观赏时间。

插花方法

使用的花卉和绿植
大丽花、栎叶绣球、六出花、浆果、香叶天竺葵

1 在容器内铺上玻璃纸，中间放入吸过水的花泥。

2 用绿植打底。将花卉插在中央，在花泥四周插上绿植，以便隐藏花泥。

3 大丽花要分别或高或低地插入，打造层次感。

4 栎叶绣球从大丽花的间隙处插入。

5 其余间隙插入剩下的花卉。

栏目

能让花卉冻龄的基本操作②

将花卉插入花泥的基本操作

你是否曾经遇到过不小心一用力将花插入花泥，结果把茎折断的经历呢？
其实只要掌握好插入的角度和拿花的位置，就能顺利地将花插入花泥。
茎折断的花朵会很容易枯萎，
所以建议初学者先用多余的花泥练习插入花卉的动作。

◎手拿茎的位置［正确示范］

要从下面拿起花茎，用指尖捏住靠近茎先端的位置。

向想要发力的方向用力一插。

如果是茎比较柔软的植物，在插入茎的时候，要慢慢地插入花泥。就算花泥上已经插入了很多花，但是继续插花时，手指拿住茎的位置仍然要保持不变，用手挡开其他花插入即可。

× 手拿茎的位置［错误示范］

从上面拿住茎，不便于将花卉或绿植插入花泥，
此外，指尖捏住的地方离茎先端较远，使得插入过程中，
对茎中间部分施加过量的力度，容易导致茎折断。

第 4 章

打造平衡的美感

新手也能制作的英式插花

英式插花巧妙地利用了花卉和绿植，展现出植物自然延展的线条美感，
从而再现花朵在庭院里的绽放之姿。
下面就给大家介绍如何简单打造出看起来自然、美丽的插花作品。

什么是英式插花

英式插花的风格就是如庭院中绽放的花朵般自然。

在英式花园里，花卉和绿植都是经过严密计算花期和生长期后种植的。园艺的要点就是“看起来像是自然生长”。英式插花也一样，特征是再现花卉自然绽放的姿态。通过仔细观察、利用花朵和枝条的形状，展现自然之美。

这种风格的插花有明确的规则和插花顺序，简单操作便可让插花看起来很自然，这也是其特征之一。

下午茶专用的蛋糕架上摆放着快到成熟期的黑莓和铁线莲、多头月季的组合插花。其中的绿植是从庭院中摘取下来的。时不时地更换新的月季便可延长美丽插花的观赏时间。

为了展现自然的美感
需要做到这 3 点

要点 1

绿植最重要！
行话就是“绿植优先”。

英式插花以草原和庭院为原型，会在插花中大量使用绿植与花卉搭配，从而展现出自然风情。这些绿植除了在外购买外，也可以从庭院中摘取获得。尽管庭院里的绿植大都是弯曲伸展的，但是利用这些弯曲的线条，可以更加突出地展现自然之美。在插花的时候，先用绿植填充轮廓部分，为插花打底；在收尾的时候，用剪短的绿植插入花泥表面，以隐藏花泥。

“从绿植开始，以绿植结束”。在英式插花中，绿植占据着重要的地位。

要点 2

或高或低地插入花卉！
再现自然的植物姿态。

英式插花中还有一点很重要的，就是让花卉看起来像是自然绽放的一样。要这样，就不能让插入瓶内的几枝花等高。通过高低错落地插入花卉，就能让作品拥有层次感，营造出如蝶飞舞般的空间，借由插花展现草原或庭院的自然之美。

要点 3

趁着开花之际制作插花！
认真欣赏花朵自然绽放的姿态吧！

插入花卉和绿植时，继续保持茎线条的自然弯曲状态，可再现植物的自然姿态。具体来说，如花朝下开，那么在插花时，就让花继续保持朝下的状态；植物茎如果是弯曲状的，就让茎一直保持弯曲。像这样，插花时还原花卉或绿植的自然状态，可让作品变得自然美丽。在插花的时候，我们可以发挥想象，思考花在自然中是以怎样的姿态开放的。

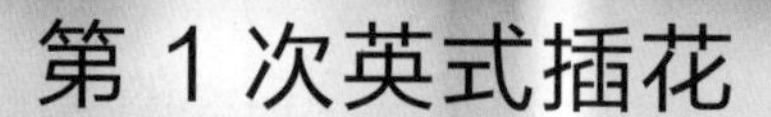

第 1 次英式插花

风格自然的英式插花有着明确的插花顺序，只要照着步骤做，谁都能简单制作出美丽的插花。

古典优雅风

这是通过在中心位置插入花卉
打造华丽感的插花风格。
先用绿植打底造型，然后将花插在中间，
接着将其他花或高或低地插入容器，
让花卉看起来随意自然。

制作之前要知道的 5 个让花冻龄的要点

1. 挑选新鲜的花卉（参考 P12）。
2. 将不要的叶子去掉，用水剪法修剪茎先端（参考 P16~17）。
3. 使用一把好用的剪刀（参考 P24）。
4. 插完花后，给花泥浇上充足的水。
5. 注意放置插花的位置（参考 P14），每 2d 给花泥浇 1 次水。

要按照第 1 章中介绍的基础要点去做！

需要准备的花材和预备工作

使用的花材

左起：六出花（花）、多头菊（花）、大王桂（绿植）、圆叶假叶树（绿植）。

1. 切分花卉

将两种花卉上的大叶子剪掉，并切分开所有花枝。

2. 修剪绿植

结合容器的直径进行修剪，并按水剪法修剪绿植茎先端。

3. 修剪花卉

将花卉修剪至容器高度的约 1.5 倍长，用水剪法剪掉茎先端 5mm 长的部分。

4. 摆放花泥

将花泥放入容器（图中使用了咖啡杯），花泥要高出杯口 1cm（参考 P27）。

5. 画出引导线

在花泥的表面画十字引导线，以便明确稍后该如何呈放射状插入，或是确认中心位置。引导线只需用刀背轻轻在花泥上画出印记即可。

快试着挑战插花吧

英式插花有规定的顺序，需要先插绿植，后插花卉。
首先要用绿植在边缘处（插花的轮廓）插入。
记住制作的顺序后，就能随时再现插花作品了。

1　绿植优先

插入绿植其实就是在打造插花的边缘轮廓。
下面就来制作圆形的插花轮廓吧。

在十字交叉处插入

将绿植插入花泥侧面的十字交叉处。要挑选不同种类的绿植插入相对的方向。

用绿植打造圆形轮廓

在花泥侧面的十字交叉处插入绿植，起到衔接两边绿植的作用，形成美丽的圆形轮廓。

从上面插入

将 4~5 枝长约 5cm 的绿植从上面插入，起到覆盖的作用，以便隐藏花泥。

2 插入花卉

先在插花容器的中心插入 1 枝花，然后向着这枝花呈放射状地插入其他花。这时，引导线（参考 P89）就起作用了。先从多头菊开始插起吧。

将第 1 枝花插入中心

在中心处笔直地插入多头菊。

将第 2~5 枝花放在第 1 枝花的旁边，花朵朝下，以与第 1 枝对齐的长度进行修剪（如左图）。第 6 枝花及以后的花跟之前的第 2~5 枝花一样，以与第 2~5 枝花对齐的长度进行修剪。

在靠近容器边缘处插入花卉

从正上方往下看

将多头菊呈放射状插入

第 2 枝及以后的多头菊，要以插入中心的花为轴，呈放射状地插入。每枝花要或高或低地插入，之间间隔不定，以便打造出自然的感觉。

将花朵朝下，修剪至与第 1 枝插入的花等长

因为花茎短且易折，所以插花时要从下往上拿住茎的下面

插入六出花

将六出花也修剪得和中间插入的第 1 枝花一样长（左图），然后插入六出花（右图）。

用剩余的绿植填充间隙

将绿植修剪至 5~6cm 长。然后插入比花低的位置。

让花卉冻龄的5个养护要点

简单的养护，就能延长插花的存活时间。

1

每2d浇1次水（夏天需每天浇水）。

浇水时注意不要把水淋到花朵上，手要轻轻地隔开花卉，留出浇水的空间。

2

若花枯萎，要将其取出并修剪。

若花枯萎，要将其抽出来，然后用水剪法修剪花茎，并让其吸水1~2h后再插回原位。如果吸水后仍不见恢复，就只能放弃这枝花了。

3

1周后，用水剪法修剪茎先端0.5~1cm长的部分，然后重新插入容器内。

将一枝枝花用水剪法进行修剪，然后重新插回去。插入的时候不要让花与花互相碰撞，可以用手轻轻将花挡开，然后从间隙处插入。

4

将枯花、黄叶拔掉并舍弃。

就算用水剪法进行修剪，也可能会因个体差异造成其中1~2朵枯萎或是茎腐烂。此时要将其拔除。

花变少的时候要加入新花。

1周过后，多头菊的花朵数量变少时，可以加上一些白色的多头菊。先将新花的每朵花切分开来，然后用水剪法修剪花茎，之后用手挡开其他花卉，制造间隙，将新花插入容器内。

英式插花的顺序和规则

像 P88、P94 的插花一样，英式插花注重打造自然的感觉。
为此，英式插花有明确的顺序和规则。
其中的 3 个要点为①设计；②制作方法；③插入的位置和角度。
按照这个顺序和规则，谁都能简单制作出美丽的插花作品。

① 设计

英式插花有 5 种基础设计，在这 5 种设计的基础上还能延伸出许多设计。像 P88、P94 所示的插花就是基础设计中的一种，即“轮廓式插花”。具体来说，就是将插花放在桌子中央，从哪个角度看都十分茂密的可爱作品。适宜在生活中取材制作，是具有观赏性的插花风格。

② 制作方法

如 P89~91 介绍的，通过结合绿植、花卉长度和插花容器的大小，修剪花卉或绿植，打造具有协调美感的插花。此外，为了让插花看起来更加自然，要按照先在花泥上插入绿植，后插入花卉的顺序制作。

③ 插入的位置和角度

P88 展示了插花中运用到的绿植和花卉的插入位置和角度。P90~91 介绍了绿植和花卉插入位置的把握技巧等相关问题，看完这些内容后，还可以参考下图。

俯视图

绿植朝着中心，从花泥的侧面呈放射状插入。
插入的深度为 2cm。

● 多头菊的插入位置：插入靠近容器中心的位置。
● 六出花的插入位置：插入靠近容器边缘的位置。
● 填充空隙的绿植：插在容器的边缘。

侧视图

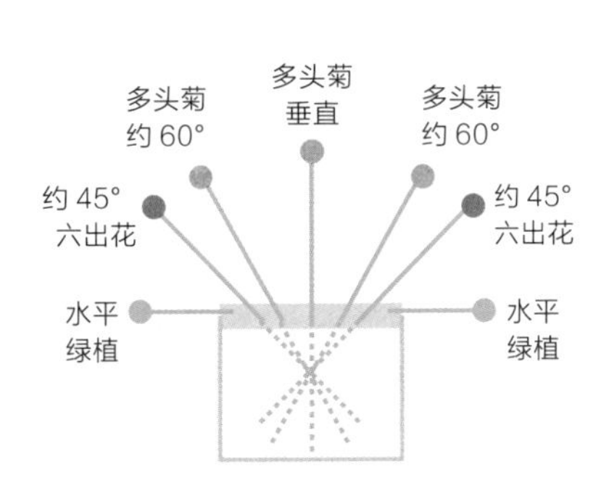

■插入花泥时朝向中心，使茎呈交叉状（实际插入深度为 2cm 左右）。
■垂直插入中心位置。
■离中心位置越远，插入的位置越靠近容器边缘，茎插入的角度要更倾斜。这样就能打造出美丽的作品。

如庭院里绽放的花朵般
自然的英式插花

为了让插花看起来更加自然，可以挑选茎柔软的植物。
再搭配上庭院的绿植，就会更加自然了！
只要按照顺序，谁都能简单地做出美丽的插花作品。

自然古典风

是在中心位置插入绿植，
让整体看起来更自然的插花风格。
这种风格保留了花卉和绿植本来的姿态，
在打造层次感的同时，将花卉随机插入容器。
顺序上要遵守绿植优先的规则。

让插花开 2 周的插花和养护方法

插花时的要点

1. 将会插入花泥的所有叶子去掉。

2. 用水剪法修剪所有的花卉和绿植。

3. 插完花后给花泥浇水。

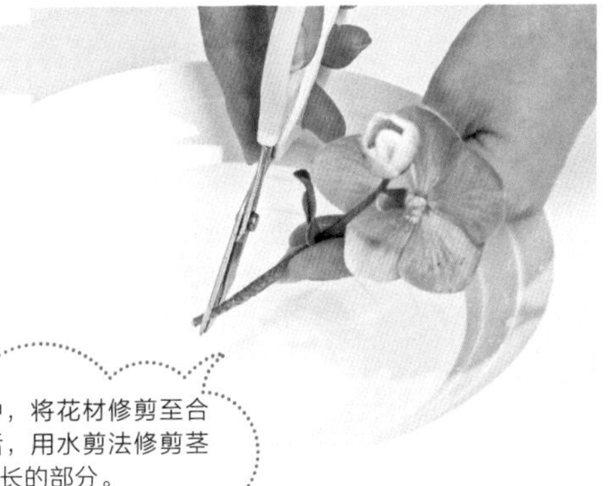

准备工作中，将花材修剪至合适的长度后，用水剪法修剪茎先端 5mm 长的部分。

2 周后，因为铁线莲枯萎了所以需要拔除，并在此处插入新的铁线莲。

让花冻龄的养护要点

1. 每 2d 浇 1 次（夏天每天）水，给花泥浇水。

2. 拔掉受伤的叶子和花，将枯萎的花卉或绿植用水剪法修剪后放回原位。

3. 花量变少后，加入一些新花。

插花方法

使用的花材
- 圣诞玫瑰…1 枝
- 花毛茛…1 枝
- 铁线莲…1 枝
- 百部…1 枝
- 大王桂…1 枝

准备工作 （参考 P89）

用于打造外形轮廓的绿植，要修剪至与插花容器的直径等长。覆盖花泥用的绿植大小要结合容器高度调整。花要修剪至容器高度的 1.5 倍长。

1

用绿植在边缘处打造插花的轮廓。在中心插入绿植后，在容器上方插入 4~5 枝绿植（参考 P90）。

2

先将花材中最大的 1 枝插入花泥。圣诞玫瑰的花朵要朝下，茎先端朝向中心插入。

3

插入花毛茛后，再插入铁线莲。手拿花的时候，将弯曲的一头朝下插入，可以打造出自然的感觉。

Original Japanese title: KIRIBANA O NISHUKAN NAGAMOCHISASERU HAJIMETE NO HANATONO KURASHI by Fumie Tanigawa

Original Japanese edition published by Ie-No-Hikari Association

Simplified Chinese translation rights arranged with Ie-No-Hikari Association, Tokyo
through The English Agency (Japan) Ltd., Tokyo and Shanghai To-Asia Culture Co., Ltd.

北京市版权局著作权合同登记　图字：01-2022-3122号。

原书工作人员
设　　计　矢作裕佳（sola design）
摄　　影　河田洋祐（Cape Light）
编　　辑　山本裕美
照片协助　谷川孝幸　谷川文江
摄影协助　石井纯子　千草美树　黑川博子　谷川诗织
插　　图　Lzawa Ltsuha
校　　对　凯斯工作室
DTP 制作　天龙社

图书在版编目（CIP）数据

切花保鲜技术全图解 /（日）谷川文江著；张文慧译 . — 北京：机械工业出版社，2023.9

ISBN 978-7-111-73608-0

Ⅰ. ①切…　Ⅱ. ①谷…　②张…　Ⅲ. ①切花 – 保鲜 – 图解　Ⅳ. ① S680.9-64

中国国家版本馆 CIP 数据核字（2023）第 142946 号

机械工业出版社（北京市百万庄大街22号　邮政编码100037）
策划编辑：高　伟　周晓伟　　责任编辑：高　伟　周晓伟　刘　源
责任校对：郑　婕　张　薇　　责任印制：张　博
保定市中画美凯印刷有限公司印刷
2023 年 10 月第 1 版第 1 次印刷
169mm × 230mm · 6 印张 · 2 插页 · 58 千字
标准书号：ISBN 978-7-111-73608-0
定价：49.80元

电话服务	网络服务
客服电话：010-88361066	机　工　官　网：www.cmpbook.com
010-88379833	机　工　官　博：weibo.com/cmp1952
010-68326294	金　　书　　网：www.golden-book.com
封底无防伪标均为盗版	机工教育服务网：www.cmpedu.com